AS LEIS DA ETERNIDADE

As Leis da Eternidade

EL CANTARE REVELA A ESTRUTURA DO MUNDO ESPIRITUAL

EL CANTARE

Ryuho Okawa

IRH Press do Brasil

Copyright © 2025, 1997 Ryuho Okawa
Edição original em japonês: *Eien no Ho – El Cantare no Sekai Kan* 1997 Ryuho Okawa
Edição em inglês: © 2023 *The Laws of Eternity – El Cantare Unveils the Structure of the Spirit World*
Tradução para o português © 2025 Happy Science do Brasil

IRH Press do Brasil Editora Limitada
Rua Domingos de Morais, 1154, 1º andar, sala 101
Vila Mariana, São Paulo – SP – Brasil, CEP 04010-100

Todos os direitos reservados.
Nenhuma parte desta publicação poderá ser reproduzida, copiada, armazenada em sistema digital ou transferida por qualquer meio, eletrônico, mecânico, fotocópia, gravação ou quaisquer outros, sem que haja permissão por escrito emitida pela Happy Science – Happy Science do Brasil.

ISBN: 978-65-87485-53-9

Sumário

Prefácio 13

CAPÍTULO UM

O MUNDO DA QUARTA DIMENSÃO

1   O outro mundo e este mundo 17

2   O mundo após a morte 21

3   Lembranças de um corpo físico 25

4   As atividades dos anjos 28

5   Um recomeço 31

6   A verdadeira natureza do espírito 34

7   O desconhecido 38

8   Vida eterna 42

9   Lembranças de vidas passadas 46

10 O caminho para a evolução 49

CAPÍTULO DOIS

O MUNDO DA QUINTA DIMENSÃO

1. Entrando no Reino dos Bondosos 55
2. O despertar espiritual 58
3. A alegria da alma 61
4. A luz flui 65
5. O sentimento de amor 68
6. Tristeza e sofrimento 72
7. Alimento para a alma 76
8. Seres de luz que estão mais próximos da luz 80
9. Sobre a nobreza 83
10. O momento de ser guiado 86

CAPÍTULO TRÊS

O MUNDO DA SEXTA DIMENSÃO

1   O caminho certo da evolução 93

2   Conhecer Deus 95

3   Diferentes estágios de iluminação 98

4   Um oceano de luz 102

5   Eternos viajantes 105

6   Um diamante bruto 108

7   A essência da política 111

8   Poder avassalador 114

9   Palavras inspiradoras 117

10 Entrando no mundo do amor 121

CAPÍTULO QUATRO

O MUNDO DA SÉTIMA DIMENSÃO

1 O amor transborda 127

2 As funções do amor 130

3 A dinâmica do amor 133

4 Amor eterno 136

5 Por quem você ama? 140

6 A verdadeira salvação 143

7 A vida das grandes figuras 146

8 Uma personificação da Vontade de Buda 150

9 Diferenças nas almas 153

10 O que supera o amor 156

CAPÍTULO CINCO

O MUNDO DA OITAVA DIMENSÃO

1 O que são *tathagatas*? 161

2 A natureza da luz 164

3 A essência do espaço 167

4 Tempo eterno 169

5 Diretrizes para a humanidade 172

6 O que são as Leis? 176

7 O que é misericórdia? 180

8 As funções de um *tathagata* 183

9 Falando a respeito de Buda 185

10 O caminho para a perfeição 188

CAPÍTULO SEIS

O MUNDO DA NONA DIMENSÃO

1. O outro lado do véu 193
2. Um mundo místico 195
3. A verdade sobre os espíritos da nona dimensão ... 200
4. A essência da religião 203
5. As sete cores do Prisma de Luz 207
6. O trabalho do Buda Shakyamuni 211
7. O trabalho de Jesus Cristo 213
8. O trabalho de Confúcio 216
9. O trabalho de Moisés 218
10. O mundo das Consciências Planetárias 220

Posfácio 223

Sobre o Autor 225

Quem é El Cantare? 226

Sobre a Happy Science 228

Contatos 232

Outros Livros de Ryuho Okawa 235

Prefácio

Este livro revela exatamente o que o título sugere: "As Leis da Eternidade". É a Verdade que nunca foi pregada antes e não será pregada novamente, e está condensada de maneira lógica nesta obra única.

Os três pilares que caracterizam as Leis de El Cantare são: a vasta estrutura das Leis, que cobre todos os aspectos das Verdades da vida; a teoria do tempo, que descreve os papéis históricos dos *tathagatas* e *bodhisattvas* por uma perspectiva de longo prazo, cobrindo milhares de anos; e a teoria do espaço, que explica em detalhes a estrutura multidimensional do Mundo Real, que é o mundo que nos aguarda após a morte. Assim, dando continuidade aos títulos *As Leis do Sol* (a estrutura das Leis) e *As Leis Douradas* (a teoria do tempo), escrevi este livro para revelar a teoria do espaço e completar a Trilogia das Leis Básicas. Ao ler seu conteúdo, a estrutura das Leis de El Cantare deve ficar bem clara.

Sim, porque agora os mistérios eternos podem ser conhecidos. Os últimos segredos do Grupo Espiritual Terrestre, antes encobertos pelo véu de lendas e mitos, estão por fim aqui revelados. Apresento este livro ao mundo com o desejo sincero de que todas as religiões existentes superem suas diferenças e se unam em uma só.

Ryuho Okawa
Mestre e CEO do Grupo Happy Science
Julho de 1997

CAPÍTULO UM

O mundo da quarta dimensão

1
O outro mundo e este mundo

De onde viemos? E para onde vamos após a morte? Para nós, seres humanos, estas são questões vitais e que sempre persistem nas profundezas do nosso coração. Mas poucas pessoas conseguiram dar uma resposta satisfatória, pois antes de responder a elas é preciso ter clareza sobre o funcionamento das relações entre este nosso mundo e o outro. Infelizmente, hoje em dia, nas disciplinas acadêmicas, aqui na Terra, não existem trabalhos ou métodos estabelecidos que expliquem bem essas questões.

Uma maneira de adquirir uma noção sobre elas é por intermédio das atividades de alguns médiuns espirituais, que aparecem, de tempos em tempos, em todas as eras. No entanto, existe uma grande variedade de médiuns espirituais. Em alguns é possível confiar, mas muitos deles são mentalmente imaturos ou têm uma personalidade estranha. Por isso, as pessoas em geral não acreditam no que eles dizem. Quando um desses médiuns afirma, por exemplo: "Estou vendo o espírito de Fulano de Tal" ou "Daqui a um ano, você estará em tal situação", não temos como comprovar os fatos. Por conta disso, cria-se um desconforto e as pessoas acabam não dando crédito total às suas palavras, e o que eles dizem apenas gera maior ansiedade.

Dito de maneira simples, quando tentamos descobrir a verdade sobre o relacionamento entre o outro mundo e o nosso, ficamos sempre com uma sensação de incerteza, pois não temos como comprovar o que os médiuns espirituais dizem ter experimentado.

Se pudéssemos ter as mesmas experiências que eles, acreditaríamos que o outro mundo existe de fato. Mas, infelizmente, só aqueles que têm capacidades especiais conseguem ter uma experiência do outro mundo. Desse modo, a maioria das pessoas continua sem poder ter certeza de que o outro mundo existe. O resultado é que aqueles que se baseiam apenas no senso comum acabam não reconhecendo a existência do outro mundo ou a relação que ele mantém com o nosso.

Faz parte da natureza humana especular sobre o sentido da vida ou o propósito de estar vivo. São questões essenciais, e precisamos entender o sentido da nossa existência do ponto de vista do Grande Universo, pois só isso nos dará uma compreensão plena do sentido ou do propósito da nossa vida.

Se, como afirmam os materialistas, a vida humana simplesmente surge de repente no útero de uma mãe, continua por 60 ou 70 anos e termina quando a pessoa é cremada ou sepultada, então seria o caso de viver com uma maneira de pensar apropriada para essa visão de vida. Os líderes religiosos, porém, ensinam que há um outro mundo, o chamado Mundo Real, e que as almas nascem no Mundo Real e vêm a este nosso mundo viver várias décadas e realizar um treinamento da alma. Ensinam ainda que, mesmo depois que as pessoas concluem sua "formação" neste mundo, a alma delas no Mundo Real prossegue e continua seus esforços para melhorar ainda mais. Se isso for verdade, portanto, devemos adotar outra maneira de pensar.

Podemos dizer que a vida é como uma escola. Isso pode ser encarado de diversas maneiras. Na visão dos materialistas, por exemplo, a vida é como uma parte do ensino obrigatório que termina ao final dos nove anos do ensino fundamental. Para eles, a vida se resume apenas ao ensino fundamental e termina ali. Por outro lado, para aqueles que acreditam no Mundo Espiritual e consideram que os seres humanos têm várias reencarnações ao longo de sua vida eterna, a vida seria como um longo curso de educação contínua: depois de terminar o ensino fundamental, o ensino médio, a universidade e a pós-graduação, você seguiria com seus estudos depois de "formado" e, mesmo quando começasse a trabalhar, continuaria aprendendo várias coisas. Ao compararmos essas duas visões da vida, fica evidente qual delas contribui mais para a evolução e aprimoramento humano.

Pois, se a pessoa acredita que a meta dos humanos é evoluir eternamente, será capaz de melhorar de modo muito mais significativo.

A pessoa que acredita que vivemos apenas uma vez e que os humanos são como faíscas efêmeras que brilham por um curto período de tempo não verá muito sentido ou propósito na vida. Se a pessoa se limitar a gastar sua vida efêmera como se fosse uma faísca que queima até se consumir totalmente, irá dedicar-se apenas aos vários tipos de prazeres que encontrar, movida apenas pelo desejo de coisas materiais, perseguindo aquilo que acha mais prazeroso, sem restrições. Isto é, viverá pensando apenas em si mesma.

Se a vida se resumisse a apenas algumas décadas vividas dessa maneira, o mais natural seria não desperdiçar o tempo e desfrutá-la. Porém, se vivermos considerando que a vida é eterna, nossos esforços se dirigirão a fazer algo pelos outros, pois isso retornará a nós, sem dúvida, como alimento para a alma.

Em resumo, ao buscar o sentido da vida ou o propósito e a missão da nossa existência, é fundamental compreender as duas perspectivas, a do outro mundo e a deste nosso mundo. Caso contrário, não conseguiremos perceber o real sentido da vida ou o que os seres humanos realmente são.

2
O mundo após a morte

Permita-me chamar de *outro mundo* o lugar para onde nós, seres humanos, vamos depois de abandonar este mundo – isto é, depois de nos livrarmos de nosso corpo físico. Que tipo de mundo é esse? Que tipo de mundo está à espera daqueles que partem deste nosso mundo?

As pessoas que vivem neste mundo não sabem o que as espera após a morte; por isso, ficam ansiosas e com medo, e dizem: "Não quero morrer". Isso revela um apego à vida terrena. Na realidade, 99% das pessoas pensam assim. Não querem morrer. E não é só por acharem confortável viver neste mundo, mas porque ficam ansiosas e com medo do outro mundo, o mundo após a morte. Algumas delas, porém, consideram este mundo aqui tão difícil ou insuportável que não querem mais continuar vivendo nele. Ou seja, seu sofrimento neste mundo é maior que sua ansiedade e seu medo da morte, então elas escolhem partir para o outro mundo de forma prematura, tirando a própria vida.

Em ambos os casos, creio que o que está na raiz dessas maneiras de pensar é a ignorância a respeito do outro mundo, o mundo após a morte. A dificuldade de compreensão que as pessoas têm é porque o estudo do outro mundo ainda não foi estabelecido como matéria no mundo acadêmico. Levando isso em consideração, decidi explicar o mundo após a morte do modo mais claro possível e cumprir minha missão de "piloto náutico". Lançar-se ao mar sem ter uma carta náutica pode dificultar muito a viagem, mas, se você tiver um mapa detalhado, ficará menos ansioso. Se souber de onde está partindo e para onde está indo, ou para qual continente seu navio se dirige, ou seja, se tiver uma boa compreensão da carta náutica, sua viagem será mais segura.

Portanto, vou falar agora sobre o que ocorre quando os humanos saem de seu corpo físico.

Em vários dos meus livros, descrevo que a vida não se resume às poucas décadas que vivemos em nosso corpo físico, que ela segue adiante quando passamos deste mundo para o próximo. Os seres humanos ainda resistem à morte quando chega a hora de encará-la. Os que estão doentes dizem: "Não quero morrer!", e os médicos fazem de tudo para prolongar-lhes a vida. No entanto, vendo as coisas pela perspectiva do outro mundo, sabemos que o espírito guardião, o espírito guia de uma pessoa ou então outros anjos já se aproximaram dela quando veem que está à beira da morte. Já se preparam para guiar a pessoa cuja morte está próxima.

Depois que a pessoa dá o último suspiro, seu corpo espiritual sai do corpo físico. De início, ela não percebe o que está acontecendo e sente como se houvesse duas pessoas – uma deitada na cama e outra movimentando-se com liberdade. Quando a que se move livremente fala com a outra, é ignorada. Mas ela também descobre que é capaz de atravessar paredes e outros objetos materiais. No começo, fica espantada com isso.

A alma da pessoa que morreu continua flutuando em volta do seu corpo físico e a pessoa então pensa: "Este corpo deitado na cama sou eu", mas depois leva um grande susto quando o corpo dela é levado ao crematório. Aquela alma fica sem saber o que fazer, flutuando ao redor do crematório, e pensa: "Que tipo de vida será que me aguarda agora?". A alma sente muita ansiedade porque ninguém lhe contou nada a esse respeito.

É nessa hora que seu espírito guardião aparece e começa a persuadi-la a voltar de vez para o outro mundo. Mas não é fácil convencer uma alma que viveu décadas na Terra e que não acredita na existência do outro mundo. Portanto, seu espírito guardião fica na Terra por várias semanas tentando convencê-la. Como é possível ver nos serviços funerários budistas realizados no sétimo dia e no 49º dia após a morte da pessoa, a alma dos mortos geralmente tem permissão para ficar na Terra por vinte a trinta dias após a morte. Nesse período, a maioria das almas volta ao céu, assim que é convencida por seus espíritos guardiões e espíritos guias.

Mas a alma daquele indivíduo que tem um apego muito forte às coisas deste mundo – por exemplo, aos filhos, ao pai, à mãe, à esposa, ao marido, às suas terras, à casa, propriedades, empresas ou negócios – vai resistir a sair deste mundo. Então, essa alma vira um "espírito aprisionado à Terra" e continua vagando em volta do planeta. É o que chamamos de "fantasma", isto é, um ser que ainda não despertou para sua condição de espírito.

3
Lembranças de um corpo físico

Quando as almas chegam ao outro mundo, a maioria fica em choque, pânico. Com o tempo, porém, acostumam-se a viver ali, e vão aos poucos percebendo que são capazes de viver sem o corpo físico. Ficam surpresas ao constatar que conseguem sobreviver, por exemplo, vinte ou trinta dias sem comer ou beber. Também descobrem que, quando tentam falar com as pessoas que habitam a Terra, estas não as ouvem. Compreendem, então, que não devem ficar tão presas a este mundo. São agora espíritos e adquirem novos sentidos: os sentidos espirituais. Também conseguem flutuar no ar, passar através de objetos materiais e viajar longas distâncias num piscar de olhos. Se estiverem ainda preocupadas com a vida na Terra e sentirem o desejo de se despedir de algum parente ou de ver um amigo, o corpo espiritual delas consegue viajar centenas de quilômetros no exato momento em que têm a ideia de fazê-lo.

No início, essas experiências criam muita excitação, mas acabam se tornando comuns, e então as almas começam a pensar na melhor maneira de viver nesse novo mundo. Exploram novas formas de perceber as coisas e de reconhecer a si mesmas, tentando descobrir como devem viver num mundo novo, como se fossem crianças que acabaram de entrar no ensino fundamental. Nessa nova etapa, as lembranças da vida terrena vão aos poucos perdendo força. Mas, para alguns espíritos, ficam até mais fortes. E isso cria uma distinção entre esses dois tipos de espíritos.

Na maioria dos casos, os espíritos que, após a morte, continuam vagando em torno deste mundo fenomênico acabarão sendo levados a um "Centro de Triagem e Orientação" na quarta dimensão, guiados por seus amigos ou parentes já falecidos ou por seus espíritos guardiões. Ali, terão de refletir sobre sua vida na Terra. Farão sua autorreflexão do ponto de vista espiritual; refletirão para descobrir o quanto viveram de maneira equivocada do ponto de vista espiritual. Em outras palavras, a ideia é fazer os espíritos refletirem profundamente sobre seu modo de vida quando acreditavam que eram apenas um corpo físico.

Os espíritos que após a autorreflexão concluírem que sua vida na Terra foi excessivamente baseada em seu corpo físico, e que isso os impediu de despertar para sua natureza espiritual, irão para o chamado "Inferno" na quarta dimensão, por vontade própria. Ali passarão por duras provações. No entanto, aqueles que admitirem honestamente seus erros, e se arrependerem por terem falhado em levar uma vida espiritual na Terra, irão para o Reino

Astral – também localizado na quarta dimensão –, onde residem os espíritos que vivem em harmonia. Portanto, o lugar para onde os espíritos vão na outra vida depende das lembranças que eles têm da própria vida quando ainda possuíam um corpo físico. Não serão julgados pelo Grande Yama; quem fará esse julgamento será a própria consciência de cada um, seu bom coração ou sua verdadeira natureza como filho de Buda.

Em outras palavras, os próprios espíritos tornam-se conscientes da necessidade de uma disciplina espiritual adicional. Então, depois de consultarem seus espíritos guardiões, escolhem treinar no Inferno por vontade própria. Mas, ao passarem um longo período no Inferno, acabam esquecendo que fizeram essa escolha e começam a sentir como se tivessem sido obrigados a viver sob essas duras condições.

Já os espíritos que são de fato perversos não passam por esse processo: vão direto para o Inferno após a morte. São espíritos que vivem continuamente irados e tentando enganar as pessoas na Terra. Na verdade, têm uma natureza semelhante à dos bandidos e membros de organizações criminosas, como a *yakuza* do Japão.

4
As atividades dos anjos

Muitos daqueles que hoje se consideram "pessoas de bom senso" acham difícil acreditar na existência dos anjos. Mesmo cristãos devotos não creem que os anjos existam de fato, apesar de mentalmente aceitarem essa possibilidade. Os cristãos falam em "Pai, Filho e Espírito Santo"; no entanto, embora tenham algum entendimento do Deus Pai e do Cristo Filho, parecem ter pouca ideia a respeito do Espírito Santo.

Mais de 90% das pessoas acham que anjos e demônios são seres que existem apenas em contos de fadas, como nas histórias dos irmãos Grimm. Não acreditam que essas figuras existam de fato no século XX, e até dão risadas disso. Mas anjos e demônios não são seres restritos ao folclore. Ao longo da história, tanto no Oriente quanto no Ocidente, sempre houve relatos de seres angelicais e demoníacos, tanto em países avançados como naqueles em desenvolvimento. A razão é simples: esses seres realmente existem.

Em síntese, "anjo" é um termo genérico para espíritos elevados, e há anjos de diversos níveis. Vou explicar isso melhor mais adiante, mas encontramos anjos que vivem no nível superior da sexta dimensão, o Reino da Luz.

Recebem o nome de *shoten zenshin* (literalmente, deuses e deusas). Também são chamados de anjos os espíritos que alcançaram os níveis de *bodhisattva* e *tathagata*. Quando os anjos iniciam seu treinamento, são responsáveis por salvar a alma das pessoas que acabaram de deixar o mundo terreno. Esses anjos trabalham para salvar as almas humanas prestando uma ajuda prática, em vez de se dedicarem a pregar as Leis. Existem centenas de milhões desses anjos, guiando almas que acabaram de sair deste mundo e estão seguindo para o outro, e de anjos que oferecem vários tipos de instrução no "Centro de Triagem e Orientação". Além disso, ao guiarem uma alma, os anjos levam em conta qual é a ideologia, quais são as crenças e o ambiente religioso de cada uma. Em países cristãos, são os anjos relacionados ao cristianismo que oferecem orientação, enquanto nos países budistas esse papel em geral cabe aos *bodhisattvas* relacionados com o budismo. Em outras palavras, os anjos aparecem diante de cada alma de uma maneira que torne mais fácil para ela aceitar sua orientação.

Mas os anjos não vivem apenas no outro mundo. Muitos deles renascem na Terra em períodos espaçados, que variam de centenas de anos a um milênio. Por quê? Uma das razões é para realizarem seu próprio treinamento da alma. Outra razão é para purificar o mundo terreno. E não só isso: os anjos também nascem aqui de tempos em tempos para que eles mesmos não esqueçam como é viver como um ser humano. Se ficam tempo demais no outro mundo, perdem a noção de como os humanos pensam e sentem aqui no nosso mundo. Assim, para se aprimorarem como educadores, precisam relembrar como é a sensação de viver na Terra; por isso, há anjos que nascem neste mundo movidos por essa necessidade, pois quando adquirem sentidos terrenos conseguem pregar de modo mais adequado a cada pessoa, e guiar muito mais gente.

Portanto, a primeira coisa que os humanos percebem após a morte é a atividade dos anjos. São almas que emitem uma luz brilhante e vêm se aproximar deles. Cheias de esplendor, aparecem diante dos cristãos como anjos com asas, e diante dos budistas como monges do budismo ou como sacerdotes xintoístas diante dos fiéis do xintoísmo. Todos os anjos e espíritos elevados brilham intensamente, com uma aura que emite forte luz. Mesmo aqueles que não acreditam em Deus ou em Buda, ao sentirem sua presença, juntam as mãos em oração e dizem, "Ó Buda" ou "Ó Deus". Sim, porque faz parte do instinto humano acreditar na existência de espíritos elevados e na existência de Buda e de Deus.

5
Um recomeço

Guiados por esses anjos, os humanos que deixaram a Terra vão aos poucos ficando prontos para um recomeço. Quando digo "recomeço", refiro-me a uma experiência totalmente nova.

Ao nascer, todos vivemos obviamente um recomeço. Todos os espíritos – elevados ou em desenvolvimento – passam por um recomeço quando são concebidos no útero da mãe e nascem neste mundo, iniciando uma vida a partir do zero.

Mas, nessa outra experiência inteiramente nova a que me refiro, os espíritos, depois de várias décadas vivendo neste mundo e de "se formarem" na escola chamada "Terra", ingressam em outra escola. Nessa nova jornada, conhecem novos professores, descobrem novos livros didáticos e aprendem novas lições. Então, os espíritos que voltam à quarta dimensão recebem longos ensinamentos sobre o que é ser espiritual.

Esses ensinamentos são transmitidos pelos anjos ou então pelos velhos amigos e professores desses espíritos, que antes deles haviam voltado ao outro mundo e aos poucos entenderam que estavam no início de uma nova jornada. Esses ensinamentos fornecem importantes diretrizes para a nova vida no Mundo Espiritual, embora, na maioria dos casos, os espíritos se esqueçam dessas diretrizes depois que se acomodam na nova vida. De qualquer modo, assim que chegam ao Mundo Espiritual, já recebem uma série de ensinamentos.

Nesse estágio, alguns espíritos precisam passar um novo período no Inferno. Mas, dirigindo-me a você, que vive na Terra, eu peço por favor que compreenda claramente que o Inferno não é um lugar que tem a mesma dimensão que o Céu. Preciso deixar este ponto muito claro.

Se definirmos este mundo terreno como o mundo da terceira dimensão, o Inferno será apenas uma pequena parte do outro mundo, que se estende da quarta dimensão até a nona, décima e até dimensões mais elevadas. O Inferno é apenas um antro de energia de pensamento negativo situado num canto da quarta dimensão, e não tem de modo algum um tamanho equivalente ao do Céu. Por favor, tenha isso em mente.

A Terra é habitada por diferentes tipos de pessoas, mas não existe uma espécie, por exemplo, que possa ser considerada de "pessoas doentes". Claro, algumas pessoas adoecem, e para isso existem os hospitais. No outro mundo também há espíritos cujo coração está doente, então eles precisam ser treinados no Inferno para poderem se reabilitar. É muito importante encará-los dessa maneira.

São espíritos doentes e que sofrem de problemas em seu coração, mas que, à sua maneira, também estão tentando aprender lições no Inferno.

É possível oferecer vários tipos de orientação a pessoas saudáveis; podemos ensiná-las a dirigir um carro, andar de bicicleta, correr uma prova de longa ou curta distância ou ensiná-las a saltar. Mas pessoas que estejam doentes não conseguem receber essas orientações. Elas precisam primeiro aprender a andar com muletas ou de braço dado com alguém. No Inferno, também é necessário primeiro propiciar uma prática preparatória desse tipo.

Por outro lado, aqueles que entram no Reino Astral deparam com diferentes seres que nunca haviam visto aqui na Terra. Encontram, por exemplo, criaturas que costumam aparecer em contos e lendas antigos. Embora no nosso mundo não seja possível ver criaturas como dragões ou *kappas* (é como são chamados no Japão os espíritos de rios), elas existem no outro mundo, e podemos vê-las realmente. Também vemos pequenos seres semelhantes a fadas voando ao redor de jardins floridos. No outro mundo vivem muitos seres espirituais misteriosos, e as almas, ao testemunharem a existência de tais criaturas, conseguem desenvolver mais seus sentidos espirituais e compreender o novo mundo em que vivem.

6
A verdadeira natureza do espírito

Agora, vou falar sobre a verdadeira natureza do espírito. Como acabei de explicar, não é fácil para os humanos se familiarizarem com sua natureza espiritual assim que abandonam o corpo físico. É difícil adquirir sentidos espirituais logo após a morte. Por exemplo, enquanto ainda estão vivos, os humanos são capazes de estender o braço e agarrar qualquer objeto, mas depois que se tornam espíritos e ficam vagando perto do mundo terreno da terceira dimensão, não conseguem mais agarrar nada. Então pensam: "Que estranho! Não consigo acreditar nisso". Mas não demora muito para que passem a ver esses novos sentidos como normais, quer tenham tomado consciência de que se tornaram espíritos ou não. Depois, em algum momento, precisarão decidir por si mesmos se irão para o Céu ou para o Inferno.

O fator vital nessa decisão de ir para o Céu ou para o Inferno é se você sabe quem realmente é. Em outras palavras, se sabe qual é sua verdadeira natureza. É isso que determina o tipo de vida que levará no outro mundo.

Mesmo as pessoas que não acreditam na existência do mundo espiritual provavelmente já viram imagens ou ouviram histórias sobre o outro mundo, em livros, contos antigos ou romances. O que ocorre é que elas simplesmente não perceberam o quanto de verdade existe nessas histórias.

Que tipo de vida poderá levá-lo para o Céu e que tipo de vida o levará ao Inferno? Atualmente, pouquíssimas pessoas podem dar uma resposta clara a esta questão. Mesmo aqueles que acreditam na existência do outro mundo não sabem dizer se seu estilo de vida, analisado do ponto de vista espiritual, é apropriado para levá-los ao Céu ou ao Inferno.

A maneira mais simples de saber isso é a pessoa consultar os mandamentos ou preceitos religiosos, para ver se suas ações são condenáveis ou não. Então, talvez ela conclua que, de fato, aqueles que cometeram vários pecados vão para o Inferno, e os que têm poucos pecados vão para o Céu. Essa maneira de pensar popularizou-se desde os tempos antigos. Há milhares de anos esse tipo de pensamento é comum na história da humanidade, tanto do Oriente quanto do Ocidente, independentemente da raça. Exemplos de preceitos religiosos aplicados desse modo são os Dez Mandamentos de Moisés e, antes deles, o Código de Hamurábi, na Mesopotâmia.

Na sociedade moderna, há muitas leis, e elas em última instância derivam das Leis ensinadas pela luz dos espíritos guias. Como é impossível explicar as Leis de uma maneira que seja fácil de compreender, elas vêm sendo ensinadas na forma de preceitos – por exemplo: "Você deve fazer isso, mas não deve fazer aquilo". Assim, para a maioria das pessoas, inclusive as que têm conhecimento do mundo espiritual, a maneira mais simples é verificar se seu modo de vida é contrário ou não a esses preceitos. Isso facilita pensar se deverão ir para o Céu ou para o Inferno.

Preceitos como esses sem dúvida são mais fáceis de entender, já que estabelecem de forma simples uma distinção entre o que é certo e o que é errado. O mais característico desses preceitos é "Não matarás", que implica que, se você matar alguém, irá para o Inferno, se não matar, irá para o Céu. Outro exemplo é "Não roubarás", que estabelece que, se você roubar, irá para o Inferno, se não roubar, irá para o Céu.

Os preceitos oferecem, portanto, uma maneira dicotômica de pensar sobre o que é certo ou errado. Não podemos descartar totalmente os preceitos como se fossem ideias infantis, pois, com certeza, há alguma verdade neles também.

Mesmo assim, não são os preceitos que determinam se você irá para o Céu ou para o Inferno. No final, quem vai para o Céu são as pessoas que despertaram para sua verdadeira natureza de filhos de Buda ao longo de seus 60 ou 70 anos de vida na Terra. Além disso, quanto mais elas manifestarem sua verdadeira natureza, mais elevado será o reino que alcançarão no mundo celestial. Já aqueles que não perceberam sua verdadeira natureza e não conseguiram viver como filhos de Buda em seu tempo na Terra enfrentarão um rigoroso julgamento no Inferno. Esta é a verdade a respeito da vida pós-morte.

7
O desconhecido

Afirmei que o Inferno realmente existe no mundo espiritual. Você já deve ter ouvido falar sobre o Inferno em contos populares, mas aqueles que de fato chegam ali ficam absolutamente chocados ao ver pessoalmente. Como talvez já tenha ouvido, há vários tipos de Inferno, e também são encontrados ali seres como ogros e demônios. Tenho certeza de que todo mundo se espanta ao ver esses lugares e seres com os próprios olhos. Há seres semelhantes a ogros que chegam a 4 metros de altura, e espíritos infernais empunhando espadas que perseguem aqueles que chegam.

No Inferno da Luxúria, espíritos humanos se contorcem em agonia num lago de sangue. No Inferno da Fome, muitos sofrem e choram de vontade de comer, gritando: "Deem-me comida! Quero comer!". São pele e osso, como os agricultores de muito tempo atrás que morriam de inanição quando havia escassez de alimentos.

Também existe o Inferno das Bestas. Ali, os espíritos humanos não têm mais forma humana. Criaturas com a forma de um cavalo, boi ou porco, mas com um rosto humano, existem de fato, como foi retratado pelo escritor japonês Ryunosuke Akutagawa num romance sobre seres humanos que caem no Inferno das Bestas. Alguns espíritos se tornam criaturas em forma de serpentes e rastejam pelo chão do Inferno.

Os espíritos no Inferno das Bestas não entendem por que ficaram desse jeito, mas a razão é que não compreenderam a verdadeira natureza dos espíritos. O mundo dos espíritos é um lugar em que seus pensamentos se tornam realidade.

Quando essas pessoas eram vivas, não sabiam que o que produziam na mente já havia se manifestado no mundo mental. Então, achavam que podiam viver da maneira que quisessem, pois ninguém era capaz de ver o que pensavam. Se a mente dessas pessoas enquanto vivas fosse transparente e todos os seus pensamentos pudessem ser vistos pelos outros, elas sentiriam vergonha demais para aparecer em público. Pessoas que viveram com esses pensamentos embaraçosos ficam chocadas ao descobrir que, ao voltarem ao outro mundo, o dos espíritos, tudo o que passa pela sua mente é visto pelos outros, e sua própria aparência muda de acordo com aquilo em que estiver pensando.

Se enquanto as pessoas estivessem vivas o corpo delas mudasse e se transformasse em serpente toda vez que sentissem inveja ou ressentimento, logo entenderiam o quanto seus pensamentos eram equivocados. No entanto, como isso não acontece sob as leis da terceira dimensão, elas continuam sem ter noção de que seus pensamentos são errados. No outro mundo, porém, o que você pensa se manifesta instantaneamente. Por exemplo, aqueles que têm obsessão sexual por alguém do sexo oposto caem no Inferno da Luxúria, onde continuam perseguindo o sexo oposto. Aqueles que sempre pensam em enganar os outros, ao chegarem ao outro mundo transformam-se em espíritos semelhantes a raposas, e aqueles que não param de invejar ou têm ressentimento dos outros se transformam em espíritos parecidos com serpentes. Além disso, os espíritos humanos também podem adquirir a aparência de vários outros animais.

Os espíritos humanos que se transformaram em espíritos de animais tentam escapar por um tempo do Inferno para se livrarem das agonias que ali sofrem, e então vêm possuir pessoas na Terra. Mas não conseguem possuir qualquer um – somente pessoas que estejam criando um Inferno em sua mente. As pessoas vivas têm diversos tipos de pensamentos e criam vários mundos espirituais dentro da própria mente. Assim, quem cria um Inferno em sua mente corre o risco de ser vitimado por espíritos do Inferno.

As pessoas que criam um Inferno de sexo em sua mente serão visitadas por espíritos do Inferno da Luxúria, enquanto as que criam um Inferno de animais ou um Inferno de bestas em sua mente podem ser visitadas por espíritos semelhantes aos de animais. Aquelas que criam um Inferno Sem Fim em sua mente, isto é, pessoas que sustentam filosofias ou pensamentos religiosos distorcidos e desencaminham outros indivíduos, são possuídas por líderes religiosos ou filósofos que caíram no Inferno Sem Fim.

No final das contas, o Inferno existe no mundo da mente, isto é, nos pensamentos das pessoas. Os espíritos do Inferno podem possuir pessoas vivas porque elas têm o Inferno em sua mente. É no Inferno na mente das pessoas que os espíritos infernais se insinuam. É assim que este mundo místico funciona. Você precisa saber disso.

8
Vida eterna

Há uma frase que os espíritos que sofrem no Inferno costumam dizer: "Se for para viver desta forma, que me matem de uma vez!". Alguns amaldiçoam Buda e Deus de todas as maneiras possíveis, e declaram: "Em vez de me fazer viver como uma cobra, preferiria que Deus tivesse me matado"; e outros afirmam: "Teria sido melhor Deus ter me matado do que me deixar debatendo-me num mar de sangue no Inferno da Luxúria". Aqueles que caíram no Inferno Sem Fim e vivem sozinhos na completa escuridão, no deserto, ou confinados em uma caverna, lamentam-se dizendo: "Se era essa a vida que me aguardava, preferiria que logo tirassem a minha vida de uma vez".

Com minha visão espiritual, presenciei o sofrimento de muitos dos chamados líderes religiosos que caíram no Inferno Sem Fim e vivem absolutamente sozinhos numa escuridão completa ou em pântanos profundos. Quando vivos, eram considerados grandes líderes religiosos e admirados de várias maneiras. Entre eles estão também vários fundadores de grupos religiosos que agora são conduzidos por outros líderes, de segunda ou terceira geração. Esses fundadores tentam entender por que acabaram indo para um lugar horrível como esse, depois de terem guiado dezenas de milhares ou de milhões de fiéis no mundo terreno. Todos se lamentam dizendo: "Melhor se tivessem tirado minha vida do que vir parar num lugar como este". Mal sabem o que o futuro lhes reserva; não têm ideia de quanto mais tempo ainda precisarão sofrer num mundo de escuridão completa. As almas vivem para sempre. Almas têm vida eterna. Esta é a maior bênção para as almas que levaram uma vida harmoniosa na Terra, com um coração generoso. Ao voltarem para o Céu após a morte, continuarão vivendo em um lugar maravilhoso. No entanto, para as que caíram no Inferno, a vida eterna já é por si só uma punição. Se a vida delas terminasse após a morte, não precisariam sofrer infindavelmente no Inferno. Mas a vida de uma alma não tem fim. Para elas, esse mero fato já é uma punição. Se tivessem tido conhecimento da natureza do verdadeiro mundo, com certeza teriam compreendido que pensar no mal ou praticá-lo em sua vida neste mundo não é nada compensador. Mas, como não acreditaram na vida eterna e, em vez disso, seguiram pensando que a vida terminava com a morte, fizeram o que bem entenderam e tentaram alcançar as posições mais altas, mesmo que isso significasse prejudicar os outros ou expulsá-los de suas posições. Se tivessem tido consciência de que viver dessa maneira serviria para fazê-las cair no Inferno e vagar em eterna agonia em vez de desfrutar de uma vida eterna abençoada, com certeza teriam percebido que esse estilo de vida não lhes traria nada de bom.

Por outro lado, as pessoas que sabem que uma vida com dignidade e bondade leva a uma vida maravilhosa no outro mundo com certeza se arrependerão de não terem se dedicado mais ainda a praticar boas ações enquanto viveram. Isso porque um ato de bondade neste mundo vale por dez atos de bondade no outro. Viver neste mundo é realmente difícil; as almas passam por um treinamento espiritual enquanto estão com os "olhos vendados". Portanto, levar uma vida celestial neste nosso mundo, onde temos de encontrar um caminho tateando no escuro, constitui um treino espiritual cinco ou dez vezes mais árduo que o treinamento que teremos no outro mundo.

Aqueles que viveram várias décadas de maneira celestial neste nosso mundo verão seus feitos recompensados dez vezes no outro. O mundo terreno é precioso. Mas aquela série de maus atos que você tiver cometido neste mundo pensando: "Ah, não deve ser nenhum problema fazer isso", também irá voltar a você, multiplicada por cinco ou dez vezes. Esta é a dura realidade que nos aguarda.

Algumas pessoas acham que devem fazer o bem porque receberão elogios por isso, ou que não devem fazer o mal porque é errado. Mas, se você realmente quiser se valorizar, verá que não conseguirá fazer o mal, só conseguirá fazer o bem. Depois de adquirir uma visão correta da vida e do mundo, você só conseguirá viver assim. Ninguém em sã consciência sente atração por fazer coisas que sabidamente não trazem nenhuma recompensa.

Entretanto, muitas das pessoas que acabam indo para o Inferno não sabem disso. Dedicam-se a coisas desvantajosas para elas porque não têm noção das consequências. Portanto, precisamos fazê-las tomar consciência o mais cedo possível.

9
Lembranças de vidas passadas

Falei sobre várias características relacionadas ao Céu e ao Inferno, mas o que é mais surpreendente ao voltar para a quarta dimensão é descobrir que somos capazes de recuperar as lembranças de vidas passadas. Esta é a experiência mais peculiar e surpreendente para os espíritos que retornam ao outro mundo.

Quando estamos vivos, contentamo-nos com as experiências de vida que temos – nascer como um bebê, estudar passando pela pré-escola, ensino fundamental, ensino médio e universidade, e depois ficar adulto e envelhecer. Mas, ao voltar para o outro mundo, descobrimos que nossa verdadeira experiência de vida não se limita a esse curto período de tempo. Além disso, nossa verdadeira vida não abrange apenas milhares ou dezenas de milhares de anos ou mesmo milhões de anos. É muito, muito mais extensa. Na realidade, nossa alma tem uma história de dezenas de milhões ou mesmo centenas de milhões de anos. Quando voltamos ao outro mundo, as lembranças de nossas vidas passadas vêm até nós, e você descobre que tem vivido como ser humano há muito e muito tempo.

Já os espíritos no Inferno dificilmente se lembram de suas vidas anteriores. A vida no Inferno é muito dura e cheia de agonia, portanto é quase impossível que eles consigam olhar para o seu passado enquanto estão experimentando tanto sofrimento. Por exemplo, se você está passando mal com uma dor de dente terrível, não será nada fácil tentar pensar no seu passado ou refletir a respeito dele, mesmo que lhe peçam para fazer isso. Do mesmo modo, embora os espíritos em agonia no Inferno tenham a capacidade de resgatar as lembranças de vidas passadas, é praticamente impossível que consigam.

Por outro lado, os espíritos que voltaram ao Mundo Celestial começam a se lembrar de vidas passadas, embora a extensão em que são capazes de evocar essas lembranças dependa de cada espírito. Os espíritos que levaram uma vida comum neste mundo vão se recordar vagamente de apenas uma ou duas vidas passadas, quando retornarem ao outro mundo. Lembrarão apenas que fizeram alguma coisa muito tempo atrás. Porém, à medida que avançam para níveis mais elevados, conseguem recuperar lembranças mais vívidas de suas vidas passadas. Um *bodhisattva* consegue evocar vidas passadas que abrangem períodos de dezenas de milhares de anos, e um *tathagata* é capaz de lembrar de coisas que o levam a adentrar ainda mais no passado. Se um *tathagata* concentra sua mente nisso, recorda-se até de coisas que ocorreram há centenas de milhares ou mesmo há milhões de anos. Os grandes *tathagatas* da nona dimensão conseguem resgatar lembranças da época da Criação. Relembram todos os eventos — como foi que passaram a existir há centenas de milhões de anos, como a Terra foi criada e como a humanidade tem evoluído. Assim, embora os espíritos consigam se lembrar de vidas passadas, o grau em que são capazes de retroceder e em que escala conseguem se lembrar depende do seu nível no Mundo Espiritual. É como subir em uma torre de observação. Quanto mais alto você consegue subir, mais longe pode ver, enquanto uma torre baixa só lhe permite ver a área mais próxima; então, se você descer até o porão, não será capaz de enxergar quase nada. Isso vale para o outro mundo também; no porão, ou seja, no Inferno, você não enxerga nada, mas quanto mais alto sobe, mais longe pode ver, ou seja, mais lembranças de tempos muito antigos consegue resgatar.

Em resumo, o quanto os espíritos podem recordar de suas vidas passadas difere para cada um. Alguns lembram apenas de sua última vida passada, outros lembram de várias vidas anteriores, e há quem se lembre de dezenas ou mesmo de centenas de vidas passadas. Isso parece muito místico, mas é assim mesmo que acontece. Quanto mais você desenvolver a autoconsciência espiritual, mais conseguirá enxergar o passado, o presente e o futuro, no sentido mais verdadeiro.

10
O caminho para a evolução

Abordei neste capítulo vários aspectos relativos à quarta dimensão, isto é, à vida que começa quando um espírito deixa a terceira dimensão do mundo terreno e volta ao outro mundo. Mas muitas pessoas talvez se perguntem por que as coisas são assim. Por que razão existem o Céu e o Inferno? Por que tudo isso não nos é ensinado enquanto estamos vivos neste mundo? Por que o corpo físico e o espírito existem? Por que não podemos viver como um espírito tanto neste mundo como no outro? Muitas pessoas podem estar questionando essas coisas.

A transição que um corpo físico realiza até se transformar em espírito é como a transição de uma cigarra ao perder sua carapaça e sair voando. Depois de vários anos vivendo no subsolo, as ninfas de cigarra emergem e sobem pelo tronco de uma árvore, desvencilham-se de sua carapaça e abrem as asas para voar a céu aberto. Isso ilustra bem nossa transição.

Também podemos ver isso ao contemplar uma feiosa lagarta rastejando nas folhas, quando de repente se transforma numa crisálida e vira uma linda borboleta-da-couve ou uma borboleta-cauda-de-andorinha. Na realidade, foi Buda quem criou esse processo – de lagartas transformando-se em crisálidas e depois em borboletas. E criou--as para ensinar aos humanos o processo de reencarnação. É desse modo, portanto, que os humanos evoluem, mudando sua forma de existência.

Você pode especular por que razão uma lagarta se transforma em borboleta, mas é assim que Buda decidiu criar as coisas. Criaturas com dezenas de pernas atarracadas, equilibrando-se sobre as folhas, mascando-as, com uma expressão feia na face, acabam criando asas e voando na amplidão dos céus – um processo semelhante ao da evolução espiritual dos seres humanos.

Por que Buda concebeu um processo assim? Em termos simples, nesse processo podemos ver em ação a Misericórdia de Buda. Ele poderia ter criado borboletas que fossem capazes de voar assim que nascessem, mas pelo fato de experimentarem previamente uma vida de restrições, rastejando pelo chão, elas são depois capazes de sentir o quanto é maravilhoso voar.

Ao mostrar aos humanos o processo de lagartas transformando-se em borboletas, Buda ensina o sentido da vida. Talvez nenhum ser humano alimente o desejo de se tornar uma borboleta-da-couve, mas voar livremente no vasto céu deve ser maravilhoso, embora os humanos nunca possam experimentar algo assim. Portanto, as borboletas provavelmente conhecem um tipo de felicidade que os humanos nunca irão experimentar. É nisso que reside a Misericórdia de Buda. Ele deu essa felicidade às borboletas. Do mesmo modo, os seres humanos vivem uma vida de restrições pelo fato de residirem num corpo físico, mas acabam se despindo do próprio corpo e voltando a assumir sua verdadeira forma como espíritos. Nessa hora, podemos sentir o quão magníficos somos como humanos! Enquanto vivemos na Terra, sentimo-nos impacientes, exauridos ou desamparados por não conseguirmos alcançar com facilidade tudo o que queremos, mas, no outro mundo, nossos pensamentos se materializam num instante. Quando os humanos descobrem essa capacidade, pensam: "Isso nunca aconteceu na Terra. E é muito mais maravilhoso do que o que experimentei lá!".

Buda preparou esse caminho esplêndido para a evolução espiritual dos humanos; é assim que o outro mundo e este nosso mundo funcionam. Esse mecanismo existe porque, se não abandonássemos nossa velha pele para fazer essa sublimação para o estágio seguinte, não seríamos capazes de sentir a verdadeira felicidade.

Você é um ser espiritual, o que significa que tem a mesma natureza que Buda. Todos nós somos capazes de experimentar e apreciar em nós a mesma natureza que Buda. Essa é uma experiência incrível. E é num mundo maravilhoso assim que você vive.

Mesmo que um espírito sofra no Inferno por 100 ou 200 anos, a longo prazo essa experiência servirá como uma pedra de amolar, para polir sua alma e guiá-lo para uma maior evolução. Em outras palavras, no outro mundo você será colocado em um ambiente que o incentivará a refletir justamente sobre as deficiências que você mais deve lutar para superar. Portanto, o Inferno não é uma experiência completamente ruim; os espíritos no Inferno também estão no processo de evolução.

Isso, porém, não quer dizer que o Inferno tenha de ser deixado do jeito que está. Os espíritos sofrem enquanto estão no Inferno, sem dúvida. Assim, para ajudá-los a sair de seu sofrimento precisamos guiá-los e fazê-los entender o mais rápido possível onde foi que erraram, para que comecem a andar na direção certa. Essa é a abordagem correta e o método certo, de acordo com a Vontade de Buda. E, embora os espíritos celestiais se esforcem em prestar essa ajuda, os espíritos do Inferno também precisam perceber seus erros por si mesmos. É para isso que o Inferno existe. Talvez se tenha a impressão de que esses espíritos regrediram um pouco, mas, a longo prazo, cada espírito segue trilhando o caminho da evolução. Não há dúvida quanto à verdade disso.

CAPÍTULO DOIS

O mundo da quinta dimensão

1
Entrando no Reino dos Bondosos

No Capítulo Um, revelei vários segredos do mundo para o qual o ser humano vai depois de se despir do corpo físico, abandonar o mundo terreno e assumir a condição de espírito. Neste capítulo, vou falar de uma dimensão de nível mais elevado.

A física moderna explica que o mundo em que vivemos possui uma estrutura em várias camadas, formada pela terceira, quarta, quinta, sexta, sétima, oitava e nona dimensões. Cada dimensão abrange a que fica abaixo dela, criando uma vasta estrutura semelhante à de uma cebola – com a terceira dimensão envolvida pela quarta, a quarta pela quinta, a quinta pela sexta e assim por diante. A ciência oferece esse tipo de visão do mundo.

Se você explora o outro mundo em primeira mão, descobre que isso é totalmente verdadeiro. Os espíritos da quarta dimensão não vivem em um mundo totalmente diferente da terceira dimensão. A quarta dimensão coexiste com a terceira e exerce influências sobre ela. E acima da quarta dimensão temos a quinta.

Uma coisa interessante dessa estrutura é que, enquanto os habitantes das dimensões mais elevadas podem influenciar aqueles das dimensões mais baixas, os das dimensões mais baixas não podem exercer influência naquelas das dimensões superiores. Trata-se de uma lei. Os espíritos da quinta dimensão podem ir livremente até a quarta dimensão e oferecer vários tipos de orientação aos espíritos que habitam ali. Mas, segundo um princípio estabelecido, os espíritos que vivem na quarta dimensão não podem visitar a quinta dimensão. Há algumas exceções, mas a regra geral é essa.

Em teoria, talvez não seja fácil entender isso, mas na prática é assim que funciona no outro mundo. O budismo ensina que há diferentes níveis ou hierarquias espirituais no outro mundo, e o misticismo e a teosofia também mencionam isso, bem como muitos documentos antigos. Todos ensinam que o mundo não se divide apenas em duas esferas – este nosso mundo e o outro –, mas que o outro mundo se divide em termos espaciais em vários reinos, tanto horizontal quanto verticalmente.

No século XVIII, na Europa, viveu um médium chamado Emanuel Swedenborg que se dedicou a explorar o outro mundo, o Mundo Espiritual, e deixou um registro escrito de tudo o que experimentou. Em seus livros, disse algo como: "Quando olhei, senti que havia uma camada, como uma tela invisível, transparente, cobrindo o céu, e parecia haver ainda outro mundo além dela". Embora isso não possa ser explicado visualmente, o fato é que existem diferentes níveis espirituais.

Qual é, então, a diferença entre os habitantes da quarta dimensão e os da quinta?

A quarta dimensão é o primeiro passo para o mundo espiritual, e os que habitam ali são como alunos do primeiro ano de uma escola fundamental. Ainda não compreendem bem a relação entre o corpo espiritual e o corpo físico, ou entre a alma e as coisas materiais. Ainda vivem de uma maneira que mistura os estilos de vida terreno e espiritual.

À medida que seguem vivendo na quarta dimensão, a alma deles vai evoluindo; alguns levam apenas alguns dias ou anos, outros levam décadas ou centenas de anos. Mas a alma deles evolui e são guiados por anjos ou por seus espíritos guia para ascender à dimensão acima – a quinta dimensão.

Que tipo de mundo é o da quinta dimensão? Em termos simples, é o mundo dos "bondosos". A quinta dimensão é o mundo do bem. As almas que ali se reúnem inclinam-se à bondade, isto é, ao bem, em lugar do mal. Todas compartilham essa tendência. Confrontadas com o bem e o mal, as almas da quinta dimensão evitam o mal e escolhem o bem. Além disso, têm a vaga consciência de que Buda ou Deus espera que os humanos sejam bons. É assim que funciona a quinta dimensão.

2
O despertar espiritual

A "bondade" – principal característica das almas na quinta dimensão – não é apenas a mera bondade, isto é, o oposto da maldade; significa despertar para a nossa verdadeira natureza como filhos de Buda. Em termos simples, é um despertar espiritual.

Na vida na Terra, o espiritual e material coexistem. Os seres humanos estão cercados por coisas materiais, pensam o tempo todo como ganhar a vida, ter um salário ou comprar, usar e descartar objetos materiais. Mas algumas pessoas, apesar de rodeadas por coisas materiais, desenvolvem atividades – por exemplo, à noite ou durante o fim de semana – das quais extraem uma satisfação espiritual. São por isso reconhecidas como pessoas maravilhosas.

É claro que há também outros indivíduos que nunca têm essa experiência de felicidade espiritual e, em vez disso, se perdem em jogos, apostas e em outros prazeres mundanos. Mas a maioria deles não considera que a alma está preenchida por essas coisas e parece sentir nostalgia de algo espiritual, obtido por meio de leitura, música ou arte. Buscam essas atividades por sentirem saudade e nostalgia do mundo de onde são originários.

A quinta dimensão é chamada de "Reino dos Bondosos" ou "Reino Espiritual", porque as pessoas ali reunidas despertaram para a espiritualidade. Os habitantes do Reino dos Bondosos têm plena consciência de que são seres espirituais.

A dimensão anterior, a quarta dimensão, é chamada de "Reino Póstumo". Alguns dos seus habitantes não têm ainda plena consciência de que são espíritos, e outros estão ainda começando a ter alguma consciência. O nível de consciência deles varia, mas de qualquer modo ainda não entenderam bem a verdadeira natureza da espiritualidade e não se reconhecem plenamente como espíritos. Estão a caminho de alcançar essa consciência que leva as pessoas a se esforçarem na busca da bondade, que constitui a verdadeira natureza do espírito.

Os seres da quinta dimensão já sabem que a verdadeira natureza do ser humano é o espírito, e dedicam-se a buscar de forma proativa algo bom. Além disso, têm fé em Buda ou Deus, mesmo que sem plena consciência disso. Acreditar em Deus ou em Buda vai depender de seu histórico religioso, mas os espíritos da dimensão do Reino dos Bondosos têm um coração voltado de algum modo ao bem, à religiosidade. Sentem no cotidiano a presença próxima de Buda ou de Deus e vivem em função disso. Os trabalhos que as pessoas desempenham na Terra também existem na quinta dimensão, e alguns espíritos dedicam-se a eles. Por exemplo, alguns indivíduos são carpinteiros, outros vendem bens. Eles têm ocupações que consistem em prover o que os outros necessitam. Além de exercer atividades desse tipo, alguns espíritos dedicam-se a facilitar a vida de outras pessoas, mais ou menos como nos setores de serviços da Terra.

Assim, muitos espíritos do Reino dos Bondosos da quinta dimensão ainda têm profissões como as encontradas na Terra, não porque precisem de dinheiro, mas porque encontram prazer em realizar trabalhos que sejam do agrado de Buda ou Deus.

3
A alegria da alma

Os espíritos da quarta dimensão ainda não conseguem apreciar plenamente a alegria da alma. O que o espírito experimenta é a "surpresa da alma": fica espantado quando descobre que na verdade é uma alma, e acha suas experiências uma novidade excitante. Está aprendendo que o espírito pode fazer todo tipo de coisas misteriosas. Já os habitantes do Reino dos Bondosos da quinta dimensão são capazes de sentir a alegria da alma.

Isso significa que aqueles que estão no Reino Póstumo da quarta dimensão ainda não conseguem fazer uma boa distinção entre a vida na Terra e a vida na quarta dimensão. Ainda estão "vestindo" um corpo astral, que é como uma espécie de corpo ou roupa física. Mas, antes de partir para o Reino dos Bondosos da quinta dimensão, os espíritos jogam fora esse corpo astral; assim, passam a ter vibrações de alma mais refinadas. Em outras palavras, os espíritos na quinta dimensão vivem puramente como almas. Quando digo "alma", refiro-me a um espírito com a consciência de um humano. E a alma então começa realmente a sentir alegria.

Mas que tipo de alegria é essa? Isto é, que tipo de alegria sentem as almas? Em geral, há duas ocasiões em que as almas sentem alegria. A primeira é quando percebem que estão se aprimorando. Sim, as almas ficam alegres quando sentem que melhoram. E quando é que sentem isso? Quando podem confirmar que são seres bons. E quando podem confirmar isso? Quando sentem que são capazes de ajudar os outros. É então que as almas sentem alegria.

Isso vale também para os seres humanos que vivem na Terra. Quando alguém diz a você: "Estou feliz por você estar aqui" ou "As coisas correram bem graças a você", você naturalmente se sente muito feliz, porque reconhecer que é um ser útil aos outros proporciona a você a felicidade da autoexpansão e do autoaprimoramento. Quando sente que há outras pessoas que se alegram com a sua existência, e que você não está vivendo apenas em função de si próprio, é sinal de que a vida que está levando vale a pena não só para você. Em outras palavras, a autoexpansão ou o autoaprimoramento significa que você vive de uma maneira que tem muito mais sentido que viver apenas em função de si. Desse modo, a primeira ocasião em que as almas sentem alegria é quando descobrem que são úteis aos outros e confirmam para si mesmas que são seres bons.

E qual é a segunda ocasião em que as almas sentem alegria? É quando adquirem novos conhecimentos. Recapitulando: a primeira ocasião é quando as almas fazem os outros felizes ou sentem estar sendo úteis a eles, e a outra é quando obtêm novos conhecimentos.

O conhecimento a que me refiro não é aquele que se adquire no sentido corriqueiro, por exemplo, estudando para uma prova, mas o das descobertas espirituais relacionadas ao mundo criado por Buda. As almas sentem alegria quando fazem essas descobertas. Toda alma tem características diversas, capacidades e poderes variados, mas as almas do Reino dos Bondosos da quinta dimensão ainda não têm consciência de todos esses aspectos.

Certas almas ainda ingerem comida na quinta dimensão. Elas sabem muito bem que não precisam mais se alimentar para sobreviver, mas algumas se sentem muito bem ao comer, enquanto outras ficam felizes simplesmente preparando comida. As almas que em sua vida na Terra foram ligadas à agricultura e gostam de cultivar ainda trabalham em fazendas no outro mundo, por exemplo, plantando arroz. Há almas desse tipo residindo na quinta dimensão.

No entanto, aos poucos elas se dão conta de que esse não é um caminho de vida verdadeiro e que os humanos podem sentir felicidade espiritual sem precisar cultivar. Por exemplo, descobrem que as batatas-doces que produziram não eram do material da terceira dimensão, que elas foram feitas espiritualmente na mente delas. E aprendem que quanto mais a mente delas se torna rica e próspera, melhores ficam as batatas-doces que colhem. Na Terra, há vários métodos científicos para irrigar e fertilizar as plantações, mas no outro mundo não é assim. Você pode cultivar batatas-doces bonitas e frescas quando cuida delas e coloca a força de seu coração ao cultivá-las.

É assim que os espíritos da quinta dimensão aprendem como as coisas funcionam no mundo espiritual. Aos poucos conhecem a verdadeira natureza desse mundo em que os pensamentos se tornam realidade. E é essa a experiência de "conhecimento" que lhes proporciona a segunda forma de alegria.

4
A luz flui

Descrevi que há duas ocasiões em que as almas sentem alegria: uma é quando percebem que são úteis aos outros, a outra é ao adquirir novos conhecimentos espirituais. Agora vou falar da aquisição de conhecimento espiritual.

As almas do Reino Póstumo da quarta dimensão ainda não têm plena consciência de que a verdadeira natureza de um ser humano, ou a verdadeira natureza de um espírito, é a luz que se desprendeu de Buda. Mas, no Reino dos Bondosos da quinta dimensão, as almas aos poucos despertam para a verdadeira natureza da luz. Tornam-se capazes de distinguir as várias intensidades da luz. Percebem também que aquilo que flui em sua dimensão é a energia real, a "luz de Buda", que difere da luz de uma lâmpada fluorescente ou de uma vela. Isso produz uma sensação surpreendente, de beleza indescritível.

Em algum momento, os espíritos do Reino dos Bondosos da quinta dimensão acabam descobrindo de onde essa luz provém. Há um grande Sol no céu, diferente daquele que vemos na terceira dimensão; é o chamado Sol Espiritual. Qual é a verdadeira natureza do Sol Espiritual? Na realidade, ele é a entidade espiritual do Sol que vemos brilhar na Terra, na terceira dimensão. Da mesma maneira que uma alma reside no corpo físico de um ser humano e uma grande alma chamada Consciência da Terra reside no imenso corpo físico esférico da Terra, existe também uma grande alma, um enorme corpo espiritual, que reside no Sol. Isso significa que no Sol, que emite luz física, reside um Sol espiritual que emite luz espiritual. Portanto, o Sol Espiritual no outro mundo é o corpo espiritual do Sol que lança luz brilhante na Terra. No outro mundo, é o Sol Espiritual que lança luz.

Assim, o Sol supre não só este mundo de energia do calor, mas provê também energia espiritual real aos seres no outro mundo. A Terra, que faz parte do sistema solar, também existe graças à energia que vem da grande consciência que governa o sistema solar.

O corpo de energia que reside no Sol é a Consciência Estelar de nosso sistema solar. É um ser da 11ª dimensão chamado Consciência do Sistema Solar. Essa consciência lança luz de sete cores sobre a Terra por meio da Consciência Planetária da décima dimensão da Terra. Existem três consciências: a Consciência do Grande Sol, a Consciência da Lua e a Consciência da Terra. Essa luz ou energia divide-se então em diferentes tipos de luz por meio dos dez espíritos da nona dimensão e flui para o mundo terreno, assim como por todos os reinos do outro mundo.

Os espíritos do Reino dos Bondosos da quinta dimensão não sabem de todos esses fatos ainda, mas sabem que o Sol Espiritual lhes fornece energia e poder, mais ou menos como o Sol sobre a Terra. Aprendem que sua vida é mantida pelo recebimento de energia luminosa do Sol Espiritual e que conseguem viver graças a essa energia. Portanto, aqueles que vivem na quinta dimensão nunca se esquecem de sua gratidão para com o Sol Espiritual. Primeiro e acima de tudo, são profundamente gratos ao Sol Espiritual, e isso vem antes de desenvolverem a simples fé em Buda ou Deus. Com frequência, prestam culto ao Sol Espiritual juntando as mãos em oração, de manhã e de novo à noite. Ou seja, o mundo da quinta dimensão é um lugar onde você sente de que modo a luz flui.

5
O sentimento de amor

Outro aspecto característico dos espíritos da quinta dimensão é que eles despertam para o sentimento do amor. No mundo terreno, existe o amor entre um homem e uma mulher, entre pais e filhos, entre amigos ou entre um mestre e seu discípulo. Comparado com esse tipo de amor, o amor no Reino dos Bondosos da quinta dimensão se torna mais puro.

O amor, aqui na Terra, é difícil de ser expresso, mas no outro mundo é muito real. Quando você ama alguém, sua vibração de amor é transmitida diretamente para essa pessoa. Portanto, o espírito que recebe esse amor sente de forma muito intensa que é amado, e isso traz felicidade à sua alma.

Neste nosso mundo, o sentimento de amor não pode ser percebido de maneira tão clara. Por essa razão, as pessoas com frequência padecem de dores de amores; elas não têm certeza se são amadas ou não. É como se andassem numa corda bamba emocional, ainda mais quando enfrentam problemas de relacionamento amoroso. Como não têm certeza se são amadas ou não, mesmo que sejam amadas pela outra pessoa alimentam suspeitas e acham que estão sendo tratadas pelo parceiro do mesmo jeito que ele trata todos os demais, ou então ficam ressentidas, acreditando que no fundo não são realmente amadas pelo parceiro.

No Reino dos Bondosos da quinta dimensão, porém, as pessoas conseguem facilmente saber se são amadas ou não, pois é como se vissem isso num mostrador ou num barômetro, e sentem diretamente os sentimentos dos outros espíritos. Por exemplo, essa sensação é semelhante a captar a diferença de intensidade entre uma luz fluorescente e uma lâmpada incandescente em um cômodo de 10m^2, ou entre lâmpadas de 60 watts, 100 watts e 200 watts. Significa que as emoções de um espírito, inclusive a intensidade de seu amor, são transmitidas com toda a certeza.

Dessa forma, o Reino dos Bondosos da quinta dimensão é o reino da "transmissão de pensamento sem palavras"; os outros sabem na mesma hora quais são os pensamentos que ocupam a sua mente. É por essa razão que os espíritos do Inferno não podem ficar na quinta dimensão. São espíritos cheios de ódio, inveja, queixas, raiva e desejos insaciáveis, e todas essas emoções seriam transmitidas aos outros. Se assim fosse, a quinta dimensão deixaria de ser um paraíso.

Portanto, todos os habitantes do Reino dos Bondosos da quinta dimensão expressam sentimentos de amor. Seu amor pode variar de intensidade ou de nível – pode ser grande ou pequeno, mais ou menos intenso –, mas o amor é o sentimento comum. Cada espírito é como uma fonte de eletricidade, irradiando a corrente elétrica do amor.

Depois que os espíritos compreendem o amor como um sentimento real, de tempos em tempos recebem orientações sobre o amor dadas por espíritos superiores da sexta dimensão. Então, são transmitidas noções como: "Quando você é amado por alguém, sente o amor fluir em você como uma corrente elétrica, não é? Sente seu coração se aquecer e por isso fica feliz, certo? Esse amor é, na verdade, o coração de Buda".

Embora os espíritos da quinta dimensão ainda não sejam capazes de compreender Buda com total clareza, podem sentir Buda de alguma forma. Quando espíritos elevados descrevem Buda aos espíritos da quinta dimensão, costumam dizer algo como:

"Provavelmente, você consegue sentir amor. A maior forma de amor é o Sol, no céu do Mundo Espiritual. Ele nos dá calor e energia sem receber nada em troca; ele nos supre de energia vital sem pedir um centavo. Esse amor incondicional, ou misericórdia, é a verdadeira natureza de Buda. Quando vocês se amam, sentem a vibração do amor preencher seu coração e ficam muito felizes, não é? Isso prova que são filhos de Buda e que a sua essência é parte da energia de Buda."

Os espíritos superiores são pacientes em prestar esses

ensinamentos. É uma educação básica sobre o amor. Nesse estágio, embora esses espíritos ainda não tenham chegado ao ponto de dar amor aos outros, como no Reino dos *Bodhisattvas*, eles ensinam emoções básicas, como: o que é o amor, o que significa ser amado e o que significa dar amor. Aos poucos, aprendem que é melhor ser amado do que não ser, e que amar os outros é algo maravilhoso. Com o tempo, compreendem que o amor só é amor quando não há o desejo de se proteger ou de apenas obter benefícios para si.

6
Tristeza e sofrimento

Desde tempos antigos, as pessoas têm a ideia de que o Céu é um eterno paraíso, onde não existe tristeza nem sofrimento. Mas será que a tristeza e o sofrimento de fato desapareçam, cessam de existir, quando você volta à quarta dimensão (exceto no Inferno, é claro) ou à quinta dimensão? Vou tratar agora desse tópico.

Costuma-se acreditar que tristeza e sofrimento são específicos do Inferno, e que esses sentimentos não existem no Paraíso. Mas será que isso significa que Buda não esperava originalmente que os humanos derramassem lágrimas? Será que os espíritos no Céu só têm permissão para rir? Vamos refletir sobre esses pontos.

Os seres humanos experimentam emoções básicas como alegria, raiva, tristeza e prazer, e ninguém pode negar que esses sentimentos existem. O oposto da alegria, por exemplo, é a tristeza, mas não se pode simplesmente achar que tristeza é ausência de alegria.

Há muito tempo ocorrem debates entre as filosofias do monismo e do dualismo. Os monistas costumam dizer que "O mal é a ausência do bem" ou que "Não existe algo como o frio. O frio é apenas a ausência de calor". Ralph Waldo Emerson, um filósofo americano que propôs o pensamento positivo e foi um dos líderes do movimento do Novo Pensamento, também defendia esse tipo de filosofia.

De fato, essa é uma filosofia verdadeira de certo ponto de vista. Você sente frio quando não há calor, e o mal é a ausência do bem. No entanto, isso não explica tudo. Choramos quando estamos tristes, mas isso não quer dizer necessariamente que choramos porque não sentimos alegria. Ou que derramamos lágrimas apenas pelo fato de não estarmos sentindo alegria. Assim, é preciso admitir que a tristeza é uma emoção que existe por si.

E quanto ao sofrimento oposto ao prazer? Será verdade que existe apenas o prazer e que o sofrimento não existe? Será que o sofrimento é apenas a ausência de prazer? Vamos examinar essas questões.

Na realidade, o sofrimento também existe. Por exemplo, se você jogar tênis ou praticar qualquer outro esporte durante uma ou duas horas, irá transpirar, mas depois se sentirá revigorado. Para se sentir revigorado, precisou primeiro transpirar. Em outras palavras, a fadiga física e a dor que sentiu o levaram a se sentir revigorado.

Dessa forma, acredito que este mundo e o outro mundo têm um aspecto dualista a maior parte do tempo. O Buda Supremo é luz absoluta, bondade absoluta, amor absoluto; Buda consiste apenas em elementos bons. Mas Ele criou este mundo da terceira dimensão na Terra e também os espíritos inferiores da quarta e quinta dimensões para permitir que as almas progridam e se aprimorem. Foi esse o propósito principal de criar esses mundos.

Nesses mundos as almas têm a possibilidade de fazer comparações, o que aumenta a chance de progredirem e melhorarem; sem competir amigavelmente umas com as outras e passar por sofrimentos para polir a alma delas, dificilmente se aperfeiçoariam. Embora um mundo monista, onde haja apenas prazer, possa parecer maravilhoso, de certo modo daria lugar a uma vida morna. Por isso Buda proporciona aquilo que as pessoas sentem como tristeza ou sofrimento no mundo terreno e nos reinos espirituais inferiores, para que tenham a possibilidade prática de melhorar.

Um exemplo: mesmo os espíritos que habitam o Reino dos Bondosos da quinta dimensão às vezes precisam lutar muito para alcançar a autorrealização. Os espíritos da quinta dimensão também oram como as pessoas da Terra, mas seus desejos nem sempre são plenamente ouvidos.

Esses espíritos não sabem dizer se suas orações são corretas ou não, mas, pela perspectiva dos espíritos das dimensões mais elevadas, suas orações às vezes são julgadas prematuras, como algo que ainda não deveria ser concedido. Quando suas orações não são atendidas, em outras palavras, quando seus desejos não se realizam, esses espíritos experimentam algum grau de tristeza ou sofrimento. Ou seja, os espíritos da quinta dimensão também passam por um treinamento espiritual básico para fortalecer a alma.

7
Alimento para a alma

Há uma escola de pensamento que afirma: "A tristeza e o sofrimento são meras ilusões, e essencialmente não existem. Tristeza e sofrimento não são reais. São apenas expressões de uma mente iludida, e não têm realidade". Mas não concordo com essa ideia.

O Buda Primordial, por Sua própria natureza, não tem como fazer progressos ou se desenvolver. Como Buda Primordial, Ele é perfeito e sem falhas, é a corporificação da suprema bondade, do supremo amor e da suprema felicidade. Em outras palavras, Ele é o bem no mais alto grau, a verdade e a beleza no nível mais elevado. Por ter essa natureza, o Buda Primordial não pode experimentar progresso, desenvolvimento nem a felicidade que provém deles.

Assim, o Buda Primordial criou o Grande Universo, com um sentimento de quem cria um jardim. Colocou pedras, cavou lagos e encheu-os de peixes, plantou árvores de diferentes tamanhos, cultivou árvores frutíferas, e de vez em quando plantou também ervas daninhas. Fez todos os esforços para criar um jardim paisagístico. O Buda Primordial criou até coisas que parecem imperfeitas aos olhos humanos; na realidade, pode ter criado algo de propósito para determinado ambiente no Seu jardim. Então, permite que cresçam algumas ervas daninhas. Há árvores altas e baixas. Há montanhas com encostas elevadas e há pequenas colinas, mas também depressões de terreno onde se formam lagos. O jardim do Buda Primordial é feito de uma variedade de coisas, e Ele aprecia cuidar de Seu jardim. Da mesma forma, o Buda Primordial permite que coisas que não são entidades reais, como a tristeza e o sofrimento, existam sob condições estritas e para propósitos específicos. Essa é a verdade.

Como comentei antes, não podemos afirmar que a ausência de alegria é que causa necessariamente a tristeza; quando choramos, não é só porque não há alegria. Ao chorar, há também um sentimento efetivo de tristeza envolvido. Do mesmo modo, não sofremos só porque deixamos de sentir prazer; em geral, há algo que está causando nosso sofrimento.

Desse modo, a tristeza e o sofrimento existem de fato, mas não porque sejam coisas boas em si. A verdade é que a tristeza e o sofrimento existem neste mundo, assim como na quarta e na quinta dimensões, para que as almas possam dar um grande salto em sua evolução. Quando as coisas não saem do jeito que as pessoas querem e com a facilidade que esperam, elas experimentam tristeza e dor. Quando o desfecho das coisas fica distante daquilo que esperavam, podem sofrer ou sentir tristeza e às vezes derramam lágrimas de amargura. Mas há um sentido maior na razão que leva as pessoas ao choro; por meio das lágrimas derramadas em suas lutas, as pessoas se desenvolvem e alcançam um nível mais elevado. Algo semelhante ocorre quando elas transpiram ao realizar um trabalho duro, pois isso permite que depois se sintam realizadas e revigoradas.

Portanto, não devemos olhar para este mundo como um local de sofrimento ou de tristeza. Em vez disso, precisamos saber que, embora a tristeza e o sofrimento existam, estão ali com a função de uma pedra de amolar, para polir nossa alma. Há uma expressão japonesa que diz *gyoku-seki konkou*, usada para indicar uma situação em que há uma mistura de coisas boas e coisas ruins. Visualmente, a expressão pode ser explicada como uma sacola cheia de pedras preciosas e de pedras brutas. Podemos ver algumas pedras brilhantes no meio das brutas. Algumas delas se tornam brilhantes ao serem polidas; elas se esfregam umas nas outras e vão se tornando cada vez melhores.

Embora os seres humanos estejam fadados a experimentar tristezas e sofrimento, essas coisas não duram para sempre. Elas têm permissão para existir temporariamente apenas, como alimento para a alma. Em última instância, a expectativa é que as almas cresçam e se desenvolvam em direção a um mundo de alegria e prazer, um mundo de eterna felicidade, um mundo de eterno paraíso. Portanto, você deve se lembrar de que a dor e o sofrimento só têm permissão de existir para servir como alimento para a alma.

8
Seres de luz que estão mais próximos da luz

Afirmei que a tristeza e o sofrimento existem como alimento para a alma. Você deve estar imaginando o que será que vem depois que você passa por essas atribulações.

Alguma vez você já ouviu a frase: "A luz brilha depois que você atravessa as profundezas do desespero"? Algumas pessoas dizem: "Quando caí no fundo do poço, um raio de luz brilhou das profundezas do meu desespero. Achava que a luz só brilhasse vindo do alto, mas quando emergi das profundezas da minha infelicidade, a luz brilhou vindo de baixo".

O dramaturgo e ator William Shakespeare escreveu várias tragédias, pois queria mostrar aos outros que das profundezas de uma tragédia é possível ver surgir a luz. Sua mensagem ao mundo foi: quando você atravessa as profundezas da tragédia, encontra a verdade da natureza humana, e na essência dessa natureza está uma luz interior. Isso significa que a comédia e as histórias alegres não são as únicas coisas que incentivam o ser humano a progredir.

Você pode chegar perto da luz por meio de eventos que parecem ser trágicos neste mundo.

São muitas as pessoas no mundo que amaldiçoam seu destino e dizem: "Por que sou o único neste mundo que nasceu com tanto azar? Por que tenho de sofrer tanto assim?". Os motivos são variados: seja porque a pessoa perdeu os pais na infância, ou não conseguiu frequentar uma boa escola por problemas financeiros, ou não se casou ou justamente por ter se casado e depois perder seu parceiro. Ou então porque se divorciou, ou não teve a bênção de gerar filhos, ou os teve, mas perdeu-os quando ainda eram bem jovens, ou os filhos se tornaram delinquentes. Se você fizer uma lista dessas possíveis infelicidades, não terminará nunca, porque as sementes de tristezas neste mundo são infinitas.

Mas será que tais experiências tristes ou infelicidades não têm nenhum sentido? Ou podem nos trazer algum benefício? Antes de nascer neste mundo, os humanos viviam no Mundo Celestial, onde não havia tanta tristeza e sofrimento. Mesmo os espíritos também têm às vezes a experiência de não ver suas preces e desejos atendidos, mas não há nada que lhes cause danos de propósito. Já neste mundo as pessoas podem ser prejudicadas ou atingidas por infortúnios, como se vivessem à mercê do destino.

No "Velho Testamento" é contada a história de Jó. Ele é assediado por todos os tipos de infortúnios, até que por fim se rebela e passa a amaldiçoar Deus. No entanto, Deus lhe diz: "Jó, será que és tão sábio que podes julgar a

Vontade de Deus? Sê mais humilde. Será que realmente compreendes quais são as Minhas intenções?". Deus fala isso a Jó, mas o que Deus na realidade quer dizer é: "Deus utiliza diversos 'cenários' para ajudar os humanos a evoluírem mais". É desse modo que você deve interpretar essa história.

Uma pessoa que faleceu, que o deixou, talvez esteja agora levando uma vida maravilhosa no outro mundo. Portanto, procure não encarar as coisas apenas do ponto de vista terreno. Afinal, aqueles a quem são dadas muitas provações também ficam mais próximos da luz. Quando você está muito feliz, talvez o Céu esteja mais perto de você, mas o Céu também está próximo em tempos de desespero. Quando você atravessa as profundezas da tristeza e experimenta a luz, o Céu aparece. As pessoas neste nosso mundo precisam saber disso.

9
Sobre a nobreza

Agora eu gostaria de falar sobre a nobreza da alma. Ter uma alma nobre significa ter um caráter nobre ou elevado. Os termos nobre e elevado significam "excepcional" ou "excelente". Em outras palavras, nobreza significa ter um caráter excepcional, o que é extremamente valioso. E quando é que consideramos que alguém tem uma alma nobre ou um espírito nobre?

Imagine um indivíduo que seja filho primogênito de uma família muito rica e viva em uma ampla mansão com uma grande piscina. Como filho primogênito, é atendido por uma criadagem e vive exatamente da maneira que deseja. É inteligente por natureza, tem ótima aparência e é amado por muitas mulheres. Mesmo depois que ingressa no mundo do trabalho, é amado pelos outros, bem tratado e concedem-lhe um alto cargo. Vai levando uma boa vida, até que esta chega ao fim. Você acha que alguém que levou esse tipo de vida tem uma alma nobre? Sentiria que alguém que viveu num ambiente tão afortunado é uma grande figura?

Acredito que uma das razões pelas quais as grandes figuras são consideradas assim pelo mundo é pelo fato de terem conseguido superar alguns obstáculos ou condições árduas. É isso o que as torna grandes figuras. Um exemplo é o doutor Albert Schweitzer, um espírito elevado que desempenhou um trabalho missionário no adverso ambiente da África. Ou Thomas Edison, que se tornou o mais famoso inventor do mundo, apesar de ter abandonado o ensino fundamental e não ter recebido nenhuma outra instrução formal. Ou Abraham Lincoln, nascido numa família pobre, mas que se esforçou para estudar sob circunstâncias bem difíceis e seguiu adiante para se tornar presidente dos Estados Unidos, sempre com esforços extenuantes. Ou Mahatma Gandhi, o pai da independência indiana, também um espírito elevado que assumiu a responsabilidade por seu país e se ergueu para confrontar o poderoso Império Britânico. Quando examinamos a vida dessas pessoas, vemos o real sentido dos sofrimentos e dificuldades. Compreendemos que não são meros obstáculos, e sim um meio de tornar mais admiráveis a trajetória ou os passos da vida dessas pessoas.

Obviamente, isso não vale apenas para as pessoas do nosso tempo, mas também para aquelas que viveram num passado mais distante. Por exemplo, Buda Shakyamuni, que nasceu na Índia, numa família real, e vivia em grande conforto, aos 29 anos tomou a grande decisão de abandonar o palácio real e trilhar o caminho da iluminação.

Quando nos esforçamos para alcançar um propósito mais elevado, independentemente das dificuldades que possam se apresentar no nosso caminho, a nobreza de nossa alma brilha mais intensamente. Acredito que essa nobreza é uma luz que ilumina até as pessoas das gerações futuras. Acho reconfortante saber que existem muitas grandes figuras iluminando, como estrelas brilhantes, a história da humanidade.

No decorrer de nossa vida, talvez tenhamos de enfrentar sofrimentos e dificuldades de todo tipo; é algo que pode acontecer comigo e com cada uma das pessoas que lê este livro. Na realidade, são incontáveis as pessoas no passado que passaram por sofrimentos e dificuldades. Aqueles que foram esmagados por esses obstáculos caíram no esquecimento, mas aqueles que conseguiram superá-los foram recompensados com a nobreza da alma. Se a vida de Jesus tivesse sido marcada apenas por sofrimentos e dificuldades, sem que ele superasse tudo isso, não teria permanecido na história como uma grande figura. Mas, ao demonstrar a nobreza de sua alma em todas as suas provações, tornou-se uma Grande Luz que tem guiado indivíduos ao longo de gerações.

10
O momento de ser guiado

Se hoje você tem a bênção de viver em um ambiente maravilhoso, deve ser grato por isso e pensar que é seu dever esforçar-se para melhorar a si próprio ainda mais. Quanto melhor for o ambiente em que você vive, ou quanto mais talentoso ou bem dotado você for em comparação com os outros, mais arduamente deve trabalhar em si mesmo.

Por outro lado, se você está em clara desvantagem no que se refere às suas circunstâncias, ao tipo de criação que teve, aos talentos ou à sua situação financeira, ou se nasceu com uma doença hereditária ou sofre de alguma deficiência física, não deve ficar se queixando disso. Como eu disse, essas dificuldades manifestam-se como uma ferramenta para ajudá-lo a evoluir e se desenvolver mais.

Afinal, se você ficar apenas se queixando de suas dificuldades ou se ressentir por sua existência ser como é, isso vai trazer algum bem à sua alma? Vai ajudá-lo a desenvolver sua alma? Talvez você tenha de carregar uma "cruz" nas costas, mas só quando se esforçar para viver a vida com essa "cruz" e suportar seu peso é que suas dificuldades se tornarão um alimento para a alma. E justamente por levar sua vida desse modo é que você será capaz de emitir a luz que reside em seu interior.

Claro, você não precisa desejar que apareçam mais sofrimentos ou dificuldades na sua vida, ou chegar ao ponto de rezar a Deus pedindo: "Ó Deus, por favor, traga-me mais sofrimentos e dificuldades". No entanto, em vez disso você pode esforçar-se para desenvolver maior força de vontade, que lhe permita superar quaisquer adversidades. Em vez de ficar apenas se queixando daquilo que lhe falta, deve procurar ter uma força de vontade incansável e encontrar o verdadeiro valor daquilo que lhe foi dado, fazendo disso a sua arma para se levantar e seguir a vida.

Há pessoas que são cegas, mas conseguem falar com muita eloquência; outras que não conseguem se locomover, mas têm muita habilidade manual; ou que não são muito inteligentes, mas têm um corpo saudável; há ainda aqueles que sofrem de doenças, mas têm a mente muito ágil. Portanto, antes de se comparar ao outros e se queixar ou ficar ressentido por aquilo que você não tem, preste atenção naquilo que lhe foi dado e esforce-se para desenvolver seus pontos fortes ao máximo. Com isso, encontrará pistas para resolver as "lições de casa" da sua vida.

A vida de cada pessoa é cheia de mistérios; é como um caderno de exercícios que você precisa resolver. Mas sempre surgem dicas para ajudá-lo a solucionar essas lições. Se olhar para si mesmo pelo ponto de vista de outra pessoa, com certeza encontrará algo em você que o destaca em relação aos outros. Obviamente, também haverá algo em que você é muito precário em comparação com os outros. Quando você compara sua personalidade, seus talentos ou traços físicos com os dos demais, descobre os pontos em que supera os outros e aqueles em que fica aquém. São estes últimos em particular que lhe fornecem as indicações para resolver a "lição de casa" de sua vida.

É importante que você faça a si mesmo a seguinte pergunta: "Por que me foi dado este desafio?" e que se esforce de maneira ativa para encontrar a resposta. O desafio que você estiver enfrentando mostrará claramente um dos propósitos do seu treinamento de alma neste seu tempo de vida. Você pode ter várias desvantagens, como deficiências físicas, mentais ou intelectuais, mas são elas que podem revelar seu propósito e missão nesta vida.

O momento em que você está sendo guiado é aquele em que você se dá conta disso. Quando se torna consciente do seu destino e decide enfrentá-lo com determinação, brotam de você a coragem e a força de vontade necessárias. Nessa hora, os espíritos elevados no outro mundo, ou então o seu espírito guardião e espíritos guia, irão ajudá-lo, conferindo-lhe grande poder. Portanto, o primeiro passo é reconhecer as dicas que estão escondidas no seu "caderno de exercícios" da vida. Ao decidir tentar resolver seus problemas a partir dessas dicas, com certeza receberá grande poder dos espíritos elevados.

Depois que os seres humanos descobrem a verdadeira natureza da alma, com frequência se dão conta de que eles são existências que precisam se esforçar por toda a eternidade. O que faz sentido, já que os humanos estão vivendo uma vida eterna, devem mesmo esforçar-se para superar os vários desafios que lhes são apresentados. E é só por meio dessas experiências que conseguem nobreza, luz e alimento para a alma. Por isso, identifique seus problemas e encontre as pistas para resolvê-los. Valorize muito esses momentos – eles ocorrem quando você está sendo guiado.

CAPÍTULO TRÊS

O mundo da sexta dimensão

1
O caminho certo da evolução

Neste capítulo, vou falar especialmente dos aspectos do Reino da Luz da sexta dimensão. Os dois capítulos anteriores trataram da quarta e da quinta dimensões, reinos para os quais as pessoas em geral voltam após a morte. Mas, a partir da sexta dimensão, entramos num mundo conhecido como o mundo dos espíritos elevados. Referimo-nos assim à sexta dimensão porque, desde os tempos antigos, considera-se que é nesse local que residem os espíritos considerados como "deuses". Mas quem são esses deuses? Vou começar com uma breve explicação disto.

Obviamente, os deuses que residem no Reino da Luz da sexta dimensão não são o Criador ou o Deus da Criação. Um deus dessa natureza não existe no mundo da sexta dimensão. Os espíritos considerados como deuses na sexta dimensão são aqueles que foram virtuosos e deixaram grandes realizações ou demonstraram poderes excepcionais enquanto estavam encarnados na Terra. Foram admirados pelos habitantes do nosso mundo, que faziam comentários como: "São seres extraordinários. Não posso acreditar que sejam humanos como nós. Com certeza, devem ser muito próximos de Deus". Podemos citar como exemplo o político japonês Sugawara no Michizane

(845-903 d.C.), hoje louvado como o Deus do Aprendizado. Indivíduos como ele, consagrados como um deus após a morte e cuja mente não estava direcionada ao Inferno, voltam para o Reino da Luz da sexta dimensão (embora alguns deles sejam irracionalmente celebrizados com base na visão equivocada das pessoas na Terra).

Dito de uma forma simples, os espíritos que podem estar no Reino da Luz da sexta dimensão são aqueles que ganharam o respeito dos outros. Que tipo de pessoa pode atrair o respeito dos outros? São pessoas virtuosas, capazes de realizações grandiosas que estão além das capacidades humanas. Em outras palavras, são mais evoluídas que as demais. Por isso, algumas vezes as pessoas comuns ficaram maravilhadas com seus poderes e habilidades espirituais, e passaram a reverenciá-las como deuses. Entre aqueles que vivem na sexta dimensão há muitos deuses japoneses dos tempos antigos.

2
Conhecer Deus

Afirmei que no Reino da Luz da sexta dimensão vivem muitos espíritos vistos como deuses, mas preciso explicar melhor o que é Deus. Este tem sido um tema importante nos campos da filosofia, religião e teologia. Alguns declaram que "Conhecer Deus é conhecer tudo", e outros garantem que "Os humanos não foram criados à imagem de Deus; foram os humanos que criaram Deus à sua própria imagem. Deus é apenas uma invenção de sua imaginação". Mas ninguém foi capaz de oferecer uma boa resposta à questão: "O que é Deus?"

Portanto, permita-me compartilhar minhas ideias atuais a respeito de "Deus". Primeiro, precisamos distinguir Deus, o Criador do mundo, dos "deuses" que não são o Criador.

O cristianismo costuma se referir ao "Pai, Filho e Espírito Santo". Quando um cristão se refere a Deus, às vezes tem em mente o "Espírito Santo", outras vezes o "Filho", isto é, Jesus Cristo, e às vezes, apenas o "Pai". Em geral, podemos dizer que um "deus", no sentido amplo, é um ser espiritual superior aos seres humanos comuns. Assim, nesse sentido, podemos também nos referir ao Espírito Santo como "deus". Na realidade, os deuses que vivem no Reino da Luz da sexta dimensão são aqueles considerados pelo cristianismo como "o Espírito Santo". No entanto, Deus, o Criador, é um Ser que existe em uma dimensão muito, muito mais elevada.

Será, então, que todos os espíritos da sexta dimensão são deuses? Não, não são. Há diferentes níveis mesmo dentro da sexta dimensão. As pessoas que vivem na Terra talvez achem difícil compreender isso. Elas às vezes imaginam camadas transparentes no ar dividindo a sexta dimensão em níveis diferentes, mas não é assim. Não é como um prédio de apartamentos com pessoas morando nos diversos andares. Para compreender melhor, precisamos lembrar que os espíritos não têm mais um corpo físico. Eles agora vivem como uma consciência.

A consciência é um tipo de corpo energético semelhante às ondas eletromagnéticas, à energia elétrica ou a corpos gasosos. É um corpo de energia vital com um caráter único, distinto – essa é a verdadeira natureza de um espírito. Afirmei a você que a sexta dimensão tem diversos níveis, mas esses níveis na verdade são definidos pelos diferentes comprimentos de onda dessas energias vitais. Assim, níveis distintos não quer dizer que uns ficam mais altos ou mais baixos no sentido físico, e sim que há diferenças nos comprimentos de ondas espirituais, ou seja, com alguns espíritos em níveis mais elevados e outros em níveis mais baixos.

Suponha que você agite um copo com água lamacenta e então deixe-o descansar por um tempo. As partículas mais pesadas descerão para o fundo, e então a água ficará mais clara na parte superior do copo e mais turva na parte de baixo. Do mesmo modo, quanto mais grosseiro for o comprimento de onda de um espírito, mais o espírito descerá para a parte inferior do Mundo Espiritual. Assim, um corpo espiritual que carregue um peso terreno, material, terá uma consciência mais pesada e descerá para a parte de baixo. Por outro lado, uma consciência celestial, divina, refinada, com pouco apego a questões terrenas, ocupará a parte superior. Portanto, os espíritos, que podem ser considerados como consciências com certos comprimentos de onda ou como corpos de energia, existem em diferentes lugares de acordo com seu comprimento de onda. É dessa maneira que você deve entender os espíritos.

3
Diferentes estágios de iluminação

O outro mundo é um mundo de consciências, e elas possuem diferentes níveis. Conhecer essa verdade é o primeiro passo para a iluminação.

O termo "iluminação" tem vários sentidos. O nível básico de iluminação é compreender que o ser humano não é apenas uma existência física. Assimilar esta verdade já é uma forma de iluminação. Não são muitos os espíritos do Reino Póstumo da quarta dimensão que tiveram um claro despertar para o fato de que o ser humano não é uma mera existência física. A maioria ainda não tem muita certeza do que realmente é; vive a vida como se ainda tivesse um corpo físico, mas, ao mesmo tempo, também como se não tivesse.

A iluminação também pode ser alcançada quando um espírito ascende ao Céu vindo do Inferno. Nesse caso, a iluminação significa ter no mínimo a consciência de que os seres humanos não devem viver apenas com base no desejo de autopreservação, mas devem viver para beneficiar os outros. Os espíritos no Inferno seguem seus desejos egoístas; são autocentrados e pensam apenas em si. Querem apenas o que é melhor para eles próprios e pouco se importam com os demais. Os espíritos que residem no Inferno são assim. Todos dizem: "O que há de errado em viver pensando só em mim?".

No entanto, depois de décadas ou séculos habitando o Inferno, rodeados por espíritos que pensam do mesmo jeito, com desejos egoístas e de autopreservação, uma hora eles se cansam desses desejos e mudam sua maneira de ver as coisas. Chega um momento em que desejam viver em um mundo de conforto e paz. Esse é o primeiro nível de iluminação que os espíritos precisam alcançar para ascender do Inferno ao Céu. Quando isso ocorre, eles voltam ao Reino Astral na parte superior da quarta dimensão, e depois seguem para o Reino dos Bondosos da quinta dimensão, como expliquei anteriormente.

A quinta dimensão é conhecida como o "Reino dos Bondosos" ou "Reino Espiritual". Aqueles que ali vivem despertaram para a espiritualidade – são almas espiritualmente despertas – ou despertaram para a importância da bondade. Mas, embora sejam almas de bom coração, não levam muito a sério a busca de iluminação. Não têm suficiente consciência sobre Buda ou Deus.

Em contrapartida, não há nenhum ateu que vá para o Reino da Luz da sexta dimensão. Em maior ou menor grau, os espíritos que ali residem compreenderam que existe um Grande Ser, e que é Ele que permite que os humanos e os espíritos vivam. A única diferença entre esses espíritos é a maneira como se referem a esse Ser – como Buda ou como Deus. Isso depende de uma escolha individual. Sua abordagem à busca desse Grande Ser também difere. Encontramos na sexta dimensão muitos sacerdotes profissionais, como monges budistas, ministros xintoístas e padres cristãos. Ali se dedicam com afinco para explorar e organizar seus pensamentos a respeito de Buda ou Deus.

Também há outros tipos de almas, de pessoas que fizeram grandes progressos na profissão que desempenhavam enquanto viviam no mundo terreno. Embora não tenham se dedicado a buscar Buda ou Deus, evoluíram muito por meio de sua profissão. Portanto, também há almas desse tipo na sexta dimensão.

Na verdade, a sexta dimensão acolhe um grande número de acadêmicos. Diversos professores universitários e outros professores de nível excelente, cuja mente não estava direcionada ao Inferno, voltaram para esta dimensão. Os professores universitários são muito numerosos. Além de professores, há também vários indivíduos com profissões respeitáveis, como médicos, advogados e juízes. Políticos e burocratas de coração puro também retornaram ao Reino da Luz da sexta dimensão. Se olharmos bem, veremos que não importa a profissão que exerceram, todos têm uma alma altamente evoluída. Também há aqueles que avançaram como espíritos graças ao seu talento artístico, como pintores e músicos, e residem agora no Reino da Luz da sexta dimensão.

Qual a principal ocupação dos espíritos da sexta dimensão? Monges budistas, ministros xintoístas e padres cristãos oferecem orientação religiosa às pessoas na Terra. Aqueles espíritos que costumavam ser políticos em sua vida terrena guiam os políticos na Terra, e os que foram burocratas guiam as pessoas que trabalham nos órgãos do governo. Os que foram artistas enviam inspiração a artistas na Terra, e os espíritos que eram professores universitários dão inspiração a acadêmicos e estudantes na Terra. Fazendo isso, os próprios espíritos guias continuam também buscando a iluminação em seu campo de especialização. Pelo fato de ensinar o que já aprenderam àqueles que ainda estão progredindo, estão experimentando a fase anterior à prática de *bodhisatvas*. Em outras palavras, estão vivenciando o ato de serem úteis aos outros.

Em resumo, o interesse comum do Reino da Luz da sexta dimensão é a utilidade – isto é, ser útil prestando serviço aos outros. Ser útil ao mundo, trazer progresso ou contribuir para o desenvolvimento do mundo – esses são os princípios fundamentais que regem a vida dos espíritos da sexta dimensão. Embora o trabalho deles ainda não seja suficiente para podermos chamá-lo de "amor" no sentido mais verdadeiro, e ainda que esteja no estágio anterior, com certeza é uma forma de pensar que deve se tornar uma semente do amor no devido tempo.

4
Um oceano de luz

Agora, vou descrever o Reino da Luz da sexta dimensão de maneira mais visual. Como escrevi em vários livros, quanto mais elevada é a dimensão à qual você tem acesso no outro mundo, mais brilhante a luz se torna. De fato, a quantidade de luz aumenta consideravelmente à medida que você entra no Reino da Luz da sexta dimensão.

Às vezes, quando você está andando ou dirigindo por uma região montanhosa, depara de repente com uma vista panorâmica. Lá embaixo, bem longe, pode ver uma cidade ao pé da montanha ou então um vasto oceano distante. Você já deve ter experimentado o momento em que uma paisagem magnífica surge de repente diante de seus olhos. Os espíritos que entram no Reino da Luz da sexta dimensão têm uma experiência semelhante.

De certo modo, é como um oceano de luz. Na primeira vez que você entra no Reino da Luz da sexta dimensão, a princípio é dominado pela luz deslumbrante; parece que está contemplando um mar brilhante no verão, refletindo a luz do Sol. Leva um tempo até seus olhos se habituarem. Não digo isso apenas no sentido metafórico, pois existe de fato um oceano de extrema beleza no Reino da Luz da sexta dimensão.

Afirmei antes que a sexta dimensão se expande verticalmente e tem vários níveis, mas ela também se expande horizontalmente. E que tipo de mundos existem nesse sentido horizontal? Primeiro, há o Mundo da Frente. Essa área é habitada por espíritos elevados que evoluíram e desenvolveram sua alma de forma justa em direção a um caminho correto. Esse Mundo da Frente na sexta dimensão é o que você de fato pode chamar de Reino da Luz.

Também há na sexta dimensão outros reinos, além desse Mundo da Frente. Um exemplo é o chamado Reino do Palácio do Dragão, mencionado em velhos contos e lendas japoneses. Ele se situa naquela parte do Mundo Espiritual relacionada com a água, e é habitado por muitos espíritos elevados. O Reino do Palácio do Dragão flutua verticalmente e atravessa os diferentes reinos do Mundo Espiritual; a maior parte dele fica na sexta dimensão, mas também se estende pela quinta e quarta dimensões.

Criaturas de diferentes tipos vivem no Reino do Palácio do Dragão. Desde tempos antigos há relatos de que existem ali, além dos espíritos humanos, criaturas como dragões. Chamados de "deuses dragões", servem de mensageiros dos espíritos elevados que vivem no Reino do Palácio do Dragão. Eles podem exercer poder sobre todo tipo de fenômenos naturais ou fornecer uma energia avassaladora quando isso é exigido em momentos cruciais de transformação da história. Embora não sejam espíritos humanos, são caracterizados por possuírem um grande poder espiritual.

Ao contemplarmos este Reino do Palácio do Dragão, percebemos o quanto é vasto. Ele se desdobra diante de nossos olhos como um oceano de luz, e a sensação é de estarmos vivendo debaixo d'água. Pegando o Japão como exemplo, ele é geograficamente conectado ao lago Biwa, Miho-no-Matsubara e à linda linha costeira perto de Matsue, na região de Chugoku.

Além do Reino do Palácio do Dragão, há o Reino dos *Sennins* (eremitas) e o Reino dos *Tengus* (*goblins* de nariz comprido) no Mundo do Verso da sexta dimensão. O Reino do Palácio do Dragão é um mundo de oceanos, enquanto os Reinos dos *Sennins* e dos *Tengus* são mundos de montanhas em sua maior parte. Nas montanhas íngremes, muitos espíritos passam por um treinamento ascético. Esses espíritos buscaram iluminação enquanto viveram na Terra, mas dedicaram-se à disciplina física e se esforçaram para adquirir poderes sobrenaturais. Em outras palavras, os Reinos dos *Tengus* e dos *Sennins* são habitados por espíritos que alcançaram a iluminação apenas por meio do uso de poderes psíquicos. Esses espíritos carecem de calor humano e de bondade.

5
Eternos viajantes

Estou descrevendo a sexta dimensão com base no conceito de evolução. Ao terem lido este livro até aqui, muitos de meus leitores talvez concluam que os seres humanos são, em suma, eternos viajantes. Mas algumas pessoas podem perguntar: "Por que precisamos nos esforçar tanto para evoluir? O que há de errado em permanecermos do jeito que somos agora?". Há algum sentido em pensar assim.

No entanto, se considerarmos essa questão de um ponto de vista espiritual, não podemos dizer que este seja um questionamento correto, porque, na realidade, a vida humana não é finita. Se a vida humana surgisse e desaparecesse no decorrer de 100 a 200 anos, talvez os indivíduos pudessem continuar do jeito que são agora e simplesmente viver a vida. Mas a verdade é que os humanos são, em essência, espíritos que vivem dezenas de milhares, centenas de milhares, milhões, dezenas de milhões ou mesmo centenas de milhões de anos. Se essa vida infinita se mantivesse inalterada, a alma pararia de progredir e ficaria estagnada. Não só isso, mas uma alma vivendo estagnada por eras não seria capaz de desfrutar de verdadeira felicidade e ficaria cada vez mais entediada. Talvez fosse muito bom continuar fazendo a mesma coisa por 100 ou 200 anos, mas não por toda a eternidade; a alma não se contentaria em passar o tempo apenas vagando por aí. Como os humanos têm individualidade e consciência, sentem naturalmente necessidade de fazer alguma coisa.

Vamos considerar, por exemplo, as pessoas que trabalham num escritório. Embora muitas não vejam a hora de largar o trabalho para fazer o que quiserem da vida, elas continuam trabalhando até se aposentarem. Quando finalmente se aposentam e param de ir ao trabalho todo dia, passam a ter muito tempo disponível, mas não sabem o que fazer com ele. Quando ficam livres para fazer o que quiserem, sentem-se perdidas pelo fato de não terem mais uma atividade.

A maioria não conseguiria suportar viver desse jeito mesmo que fosse apenas por um ano; procuraria outro emprego ou arrumaria algum passatempo.

Isso se deve à natureza essencial da alma. Ela foi projetada para ser ativa e não preguiçosa. É por isso que, embora as pessoas às vezes queiram tirar um tempo de folga para relaxar, não conseguem ficar sem fazer nada por longos períodos. Os humanos foram feitos para o trabalho. Ou seja, a alma é em sua essência produtiva e criativa. Essa é a natureza essencial da alma. Muitas pessoas dizem que não gostam de trabalhar, mas se fossem de fato privadas de trabalho, não saberiam o que fazer. É assim que são as coisas.

A alma é dotada de um nível de diligência que a incentiva a trabalhar duro; portanto, é natural para os humanos esforçarem-se para melhorar cada vez mais. Nenhum ser humano fica satisfeito apenas em realizar um trabalho imperfeito. Assim, as pessoas devem se esforçar para alcançar maior perfeição no seu trabalho para que sua alma fique satisfeita e obtenha paz e alegria. Nesse sentido, a alma ou a essência dos humanos é a de um eterno viajante. Essa é a realidade.

6
Um diamante bruto

Vou falar um pouco mais sobre o tema dos "eternos viajantes". Os humanos almejam evoluir sua alma em seu caminho de eternos viajantes, mas muitas pessoas, quando ouvem falar disso, perguntam: "Por que existe essa distinção entre espíritos elevados e espíritos inferiores? Qual a razão de existirem grandes figuras e figuras de menor expressão? Por que essa divisão entre os chamados espíritos guias de luz e os espíritos comuns? Buda ama igualmente todas as pessoas, então por que essas diferenças? Não faz sentido". Talvez essas questões surjam em sua mente de maneira espontânea e você não consiga evitá-las.

A resposta a elas encontra-se no título desta seção: "Um diamante bruto". Todos os seres humanos foram criados como diamantes, que brilham apenas quando lapidados e polidos. Um diamante, ao ser extraído de uma montanha, tem uma forma grosseira; desse modo, cabe a cada indivíduo, isto é, a cada diamante, buscar esse brilho. É esse o desafio dado a cada um, e do qual ninguém pode escapar.

Se você comparar os espíritos guias de luz com os espíritos comuns, talvez pense: "Os espíritos guias de luz são como diamantes, mas nós somos apenas pedaços de carvão ou pedras jogadas à beira de um rio". Porém, isso não é verdade. Claro que há uma diferença enorme entre um diamante cintilando em todo o seu esplendor e uma pedra à beira do rio, mas não existe essa diferença na essência das almas humanas. A prova disso é que qualquer um pode fazer sua alma brilhar se decidir poli-la.

Quando as pessoas na Terra ouvem falar de espíritos do Inferno ou demônios, muitas delas questionam por que tais seres existem ou acreditam que eles não deveriam ter permissão para existir. Você pode até pensar: "Buda deveria destruí-los. Ou expulsá-los deste mundo e colocá--los para fora do Inferno também, confinando-os a um universo bem afastado". Mas isso é porque você ainda não conhece a verdadeira natureza da alma. Dependendo da maneira de ver as coisas, podemos achar os espíritos do Inferno abomináveis, sempre arrastando outras pessoas para a desgraça. Mas eles também são capazes de voltar para o bom caminho se tiverem essa oportunidade.

Conheci diversas pessoas possuídas por maus espíritos e conversei diretamente com esses espíritos. O traço comum que encontrei entre eles é o pouco conhecimento que têm da Verdade. Eles não conhecem a verdadeira natureza do espírito; acreditam que os humanos são meros corpos físicos; desconhecem que seu dever é fazer o bem; nem sequer sabem que estão no Inferno. Os espíritos do Inferno não têm nenhuma noção de todas essas coisas.

Mas quando eu ensino sobre a Verdade a esses espíritos, alguns deles de repente caem em si. Mesmo os chamados espíritos do mal despertam e pensam: "Oh, não. Vivi até agora no caminho errado! Não posso continuar assim. Preciso viver do jeito certo". Nessa hora, o corpo espiritual desse espírito, que até então parecia de uma escuridão total, de repente emite luz. Um halo brilha da parte de trás de sua cabeça, que até então estava coberta por uma névoa densa.

E por que eles emitem a luz de um halo? Se fossem apenas pedras atiradas à beira de um rio, não brilhariam, mesmo depois de polidas. A verdade é que todo espírito brilha quando tem sua alma polida, e isso significa que mesmo os espíritos do mal, ou os chamados satás, foram criados originalmente como diamantes. São diamantes brutos, e é por isso que brilham quando polidos. O que ocorre é que simplesmente esses diamantes brutos estão cobertos de fuligem ou lama. Por isso, as pessoas costumam vê-los como meras pedras e têm a sensação de que merecem ser jogados fora, mas se você limpá-los na água de um rio, brilharão intensamente.

O que existe é um potencial infinito; e todo mundo é dotado desse potencial infinito, expressão do ilimitado amor de Buda por todos nós.

7
A essência da política

Neste mundo, muita gente almeja obter poder, num sentido terreno. E quem detém o maior poder em nosso mundo talvez sejam os políticos; por isso, tantas pessoas têm essa ambição de chegar ao topo do poder – por exemplo, tornar-se primeiro-ministro ou pelo menos um dos ministros de um governo. Elas desejam ter poder e a capacidade de mandar nos outros.

Ao mesmo tempo, porém, muitas pessoas olham com desprezo para os políticos e a política; ficam irritadas com a pretensão deles ou com a sede de poder que demonstram de maneira tão clara. Veem os políticos como chefes arrogantes no comando de suas pequenas tropas.

Hoje, as pessoas deixam de considerar muitos dos aspectos que constituem a essência da política. Podemos dizer que a essência da política está no seu relacionamento hierárquico; há governantes e governados, os que têm poder e os que são controlados. Portanto, a pirâmide de poder é a essência da política. Em consonância com a forma de uma pirâmide, a pirâmide de poder da política tem poucas pessoas no topo e um grande número na base. A hierarquia é estável por ser triangular. Se fosse circular, oscilaria a toda hora de um lado para o outro, não teria estabilidade. Porém, pelo fato de ser triangular e de ter menos pessoas no topo, consegue permanecer estável.

Podemos ver essa estrutura hierárquica não só na política, mas também nos negócios. Há uma pirâmide de poder nas empresas, que tem em sua base um grande número de funcionários de nível básico, ou de trabalhadores sem um cargo específico e, conforme vamos subindo na pirâmide, o número de funcionários decresce – e temos, por exemplo, um número menor de encarregados de seção, gerentes-gerais e diretores de áreas. E, no final, há uma única pessoa no topo – o diretor-executivo ou CEO. Isso vale também para as escolas, cuja pirâmide é composta por professores, depois o vice-diretor e por fim o diretor. Nas universidades, há professores, chefes de departamento e no topo o reitor. Por toda parte encontramos essa estrutura piramidal.

Você precisa refletir sobre a verdadeira razão pela qual as coisas são arranjadas desse modo. Na verdade, o Mundo Espiritual também se organiza em forma de pirâmide, pois há mais espíritos na quarta dimensão que na quinta, e mais na quinta que na sexta. E conforme você sobe, encontra cada vez menos espíritos – na nona dimensão há apenas dez. Essa é a realidade do Mundo Espiritual. Em outras palavras, a estrutura piramidal está presente não apenas na Terra, mas também no outro mundo. Portanto, podemos supor que a pirâmide de poder deste mundo reflete a estrutura do Mundo Real.

Os seres humanos de certa forma vivem em comunidades, e para viverem de maneira harmoniosa em comunidades precisam de líderes ou governantes. Se no mundo cada um buscasse apenas afirmar suas opiniões, não seria possível agir de forma coesa e disciplinada como um todo. Portanto, é preciso que haja líderes. Esse é o propósito principal da política.

Os espíritos do Reino da Luz da sexta dimensão esforçam-se para aprimorar a si mesmos, para poderem cumprir bem sua missão como líderes. Eles podem se envolver em diversas profissões, mas em essência possuem as qualidades necessárias de liderança, e a expectativa é que assumam papéis de líderes.

8
Poder avassalador

Afirmei que os espíritos do Reino da Luz da sexta dimensão assumem papéis de liderança; portanto, vamos pensar agora por que são capazes disso. Como alguém pode fazer os outros obedecerem? O que torna alguém capaz de dar ordens ou instruções aos demais? De onde vem esse "poder político" – ou talvez devêssemos dizer "poder espiritual"?

A verdade é que esse tipo de poder espiritual é concedido do alto. É o poder que vem de Buda. Se Buda tivesse assumido o lado do Inferno, a justiça ficaria nas mãos dos espíritos infernais, mas é muito evidente que Ele não tomou esse lado. Ao observar qual lado Buda apoia, as pessoas podem julgar qual direção é a correta ou qual opinião está de acordo com a justiça. Buda é como a Estrela do Norte; Ele ensina às pessoas a direção que devem seguir. É justamente por isso que aqueles que estão mais perto de Buda têm permissão de fazer com que as pessoas abaixo deles os sigam, e com isso podem cumprir seus deveres como líderes.

Em outras palavras, o poder de muitos líderes da sexta dimensão vem fundamentalmente de Buda. E o poder avassalador que eles têm é em essência o poder de

Buda e a sabedoria que flui de Buda. Sem o poder de Buda, ninguém pode exercer tal poder avassalador na Terra ou no outro mundo, o Mundo Real. Além disso, as pessoas são capazes de mostrar coragem e emitir brilho justamente porque acreditam que suas ideias são apoiadas por Buda.

Os espíritos da sexta dimensão acreditam de modo convicto que são parte da elite escolhida por Buda. São muito conscientes de fazer parte de uma elite, no bom sentido. Estão bem cientes do seu dever de guiar os espíritos abaixo deles, que são menos desenvolvidos, ou que ficam em um plano inferior. Há diferentes maneiras de guiar esses espíritos de nível mais baixo, e os espíritos elevados do Reino da Luz da sexta dimensão escolhem os próprios métodos. Estudam a Vontade e os Pensamentos de Buda da forma mais adequada a cada um e relatam aos outros o que aprenderam. A sexta dimensão é um lugar onde os espíritos estudam e exploram em detalhes a Vontade de Buda. Com base naquilo que estudaram, guiam os outros com um poder avassalador. Dizem: "Pelo que aprendi, é assim que vejo a Vontade de Buda. Portanto, devemos praticar a política segundo tais e tais moldes. Precisamos apresentar tais tipos de princípios econômicos. Devemos criar tal tipo de arte. Devemos fornecer tal tipo de educação". Eles pregam isso aos outros com muita confiança.

Assim, a real fonte do poder deles é o conhecimento da Vontade de Buda. Conhecer os Pensamentos de Buda é crucial. O conhecimento da Vontade de Buda, ou da Sabedoria de Buda, é a ideia central da sexta dimensão. Sabedoria equivale a conhecer a Verdade, e é o elemento crucial que condiciona sua presença na sexta dimensão. Você não pode estar na sexta dimensão sem adquirir o conhecimento da Verdade. Portanto, uma condição para estar na existência da sexta dimensão é ter a disposição de se esforçar para adquirir o conhecimento da Verdade.

9
Palavras inspiradoras

Falei sobre a fonte de um poder avassalador. Agora, gostaria de passar ao próximo tópico, que é o das "palavras". Há uma passagem famosa na Bíblia que diz: "No princípio era o Verbo, e o Verbo estava com Deus, e o Verbo era Deus." (João 1:1). Como você pode ver nesta passagem, as palavras são muito importantes.

Quando os espíritos guias de luz descem à Terra, eles essencialmente procuram persuadir e inspirar por meio de suas palavras. Claro, às vezes também realizam fenômenos sobrenaturais diante das pessoas, mas estes por si sós não são suficientes. Os fenômenos sobrenaturais são apenas uma maneira prática de guiar os seres humanos rumo à iluminação. Mas eles não conseguem alcançar a iluminação apenas por experimentá-los.

Para começar, por que existe algo chamado "emoção"? Por que o coração das pessoas fica tocado quando os espíritos guias de luz tentam persuadi-las ou quando eles proferem pregações, ou o que atualmente chamamos de palestras? Por que as lágrimas começam a fluir dos olhos das pessoas nessas horas? Precisamos entender a essência disso. A razão que leva as pessoas neste mundo a verter lágrimas quando ouvem esses espíritos falando sobre a Verdade é que, no fundo do coração, têm as lembranças de quando estudaram sermões sobre a Verdade num passado distante. Estão recuperando tais lembranças, que causam um forte impacto e podem ser de ocasiões em que elas ouviam palestras dadas pelos espíritos guias de luz, como as pregações do Buda Shakyamuni, na Índia, ou os sermões de Jesus, em Israel. Podem ser também lembranças dos tempos em que derramavam lágrimas ao ouvirem os ensinamentos dos espíritos guias de luz enquanto estes viviam ainda no Mundo Real – os mundos da quarta dimensão e além. É por isso que as pessoas sabem naturalmente o que é sagrado.

Não choramos apenas quando estamos tristes. Também derramamos lágrimas quando estamos contentes ou emocionados. As lágrimas que correm quando aprendemos as Leis ou alcançamos a iluminação são conhecidas como "a chuva do Darma". São lágrimas que têm o poder de purificar o coração das pessoas ou seus seis órgãos do sentido, que foram contaminados pelos desejos terrenos. Assim como a chuva que cai do céu remove a poeira do ar, purifica a atmosfera, limpa a terra e molha a plantas e árvores, as lágrimas da chuva do Darma lavam os pecados da mente das pessoas ao descerem por sua face. Nessa hora, uma luz brilha e se projeta da mente delas, que passa a emitir luz como um diamante projetando seu brilho.

Os líderes religiosos do mundo devem proporcionar às pessoas muitas oportunidades para experimentar a chuva do Darma. Embora com certeza seja importante disseminar palavras poderosas por meio de escritos, é mais importante ainda falar com as pessoas, uma por uma, ou dar palestras para grandes plateias, e comovê-las até fazê-las verter lágrimas.

Quando as pessoas se emocionam desse jeito, são lembradas de seu verdadeiro lar, que fica além deste mundo, e expressam o desejo de alcançar a iluminação uma vez mais. Lembram-se do tempo em que se emocionaram muito com os discursos que ouviram sobre as Leis da Verdade.

As palavras que as pessoas usam refletem sua iluminação, ou a profundidade com que compreenderam a Verdade. Esta é a essência das palavras. É por isso que quanto mais profundamente você alcança iluminação, mais as palavras ganham poder e se tornam capazes de influenciar e comover o coração das pessoas.

As palavras de uma pessoa *não iluminada* não têm poder; o que essa pessoa escreve não comove o coração dos outros. Por outro lado, se uma pessoa *iluminada* escreve algo, mesmo que o conteúdo seja semelhante, isso toca profundamente e acende uma chama no coração dos demais. É porque a iluminação que ela alcançou está refletida naquilo que escreve.

Portanto, se você quer medir o nível de sua iluminação, só precisa ver se consegue falar a respeito da Verdade com palavras inspiradoras. Você pode testar-se dessa maneira. Quanto mais elevado for o nível de sua iluminação, mais inspiradoras serão suas palavras e elas emitirão mais luz. Como resultado, suas palavras comoverão o coração dos outros. Por favor, eu gostaria que você considerasse esse recurso como uma diretriz para sua disciplina espiritual.

10
Entrando no mundo do amor

Neste capítulo, tracei um esboço do mundo da sexta dimensão. Verticalmente, ele tem os níveis superior, intermediário e inferior, e horizontalmente abriga o Reino da Luz, no Mundo da Frente, e o Reino do Palácio do Dragão, no meio. Depois, no verso, ficam os Reinos dos *Tengus* e dos *Sennins*, onde residem espíritos que se dedicaram à disciplina física. O Reino dos *Tengus* abriga aqueles que gostam sobretudo de ostentar seu poder, enquanto o Reino dos *Sennins* é o mundo daqueles que se especializaram em desenvolver poderes sobrenaturais. Expliquei que, na sexta dimensão, existem mundos assim.

Também expliquei que na sexta dimensão residem muitos espíritos que são considerados "deuses". São principalmente espíritos do nível superior do Reino da Luz da sexta dimensão. Vários deuses do bem vivem no nível superior, inclusive Tamonten, Bishamonten e Daikokuten. Também habitam ali deuses da riqueza e outros deuses. Eles não trabalham necessariamente com base apenas no nível de iluminação da sexta dimensão. Embora alguns tenham alcançado a iluminação de um *tathagata* (um ser da oitava dimensão) ou de um *bodhisattva* (um ser da sétima dimensão), escolheram residir no nível superior da sexta dimensão para realizar uma missão específica. Portanto, diversos deuses do Reino da Luz da sexta dimensão podem ter um nível mais elevado de iluminação do que aquele próprio da sexta dimensão. Muitas vezes são equivalentes a *tathagatas* e *bodhisattvas* que estão na sexta dimensão como comandantes, supervisionando espíritos da sexta dimensão e guiando pessoas na Terra. Um grande número deles são espíritos elevados que merecem ser chamados de deuses por seu real grau de espiritualidade.

Além desses espíritos, há também aqueles que estão exercitando uma disciplina espiritual no nível superior da sexta dimensão. Esses espíritos são conhecidos como *arhats*. Os *arhats* submetem-se a uma disciplina espiritual para alcançar o estado de *bodhisattvas*; eles já clarearam as nuvens que cobriam sua mente, corrigiram seus pensamentos e ações equivocados por meio de autorreflexão e têm um halo brilhante. Estão no primeiro estágio ou às portas de se tornarem *bodhisattvas*. Esses espíritos também vivem no nível superior do Reino da Luz da sexta dimensão. Em termos budistas, são chamados de *arhats*. Alguns ministros e sacerdotes de igrejas cristãs também alcançaram a iluminação de *arhat*.

Os *arhats* são aqueles que concluíram a parte de sua disciplina espiritual que pode ser cumprida por meio de uma aprendizagem autodirigida. Eles se esforçam diariamente com o objetivo de avançar para um nível mais elevado, o de *bodhisattva* da sétima dimensão. Buscam adquirir conhecimento da Verdade, ao mesmo tempo que se dedicam a estudar a melhor maneira de ensiná-la aos outros. Para poder entrar no mundo do altruísmo e beneficiar os outros, precisam primeiro terminar de polir a própria alma. Só então estarão prontos para viver num mundo de fraternidade e misericórdia, ajudando os outros e praticando ações altruístas com amor e misericórdia. Quando alcançam esse ponto, tornam-se *bodhisattvas*. Em termos cristãos, tornam-se anjos.

Espíritos desse tipo também residem no nível superior da sexta dimensão. Estão no caminho certo da disciplina espiritual. Podemos dizer que a disciplina espiritual do Reino da Luz da sexta dimensão é um dos caminhos para alcançar o estado de *arhat*, que é um nível anterior ao estágio de *bodhisattva*. Os *arhats* já se estabeleceram de modo suficiente em sua ocupação ou em seu próprio campo. Tendo feito isso, almejam agora fazer o trabalho de ajudar os outros, que é seu próximo desafio. Em termos budistas, tais espíritos são os *arhats*. Examinando esses aspectos, podemos ver que, sem completar a disciplina da sexta dimensão, um espírito não consegue avançar para a sétima dimensão.

Pode-se dizer o mesmo em relação ao método de disciplina espiritual que as pessoas adotam ao viver na Terra.

É necessário, antes de tudo, absorver o conhecimento da Verdade e colocá-lo em prática; assim, as pessoas podem entrar no mundo onde irão levar uma vida devotada ao amor pela primeira vez. As pessoas devem entender claramente que, sem absorver o conhecimento da Verdade, não podem alcançar o estado de *bodhisattvas*.

Portanto, a pessoa precisa primeiro absorver o conhecimento da Verdade e ter suficiente capacidade intelectual. Em seguida, para tornar seu amor universal, precisa ajudar os outros e esforçar-se para salvá-los com o poder da iluminação. Como podemos ver ao examinarmos a estrutura do outro mundo, ou Mundo Real, seguir essa direção é, sem dúvida, o caminho correto.

CAPÍTULO QUATRO

O mundo da sétima dimensão

1
O amor transborda

Vou agora falar sobre o reino das almas da sétima dimensão. O outro nome para a sétima dimensão é Reino dos *Bodhisattvas*. Como você deve ter notado, *bodhisattva* é um termo budista, e nem todas as pessoas ao redor do mundo o compreendem. Mas decidi usá-lo por ser uma expressão familiar àqueles que vivem em países orientais como o Japão ou têm algum contato com as filosofias orientais.

Em resumo, a sétima dimensão é um mundo de amor. As pessoas costumam falar sobre o amor todos os dias, e ele sempre foi tema de diversas produções literárias e escrituras do passado. O amor é um dos desejos mais fundamentais dos seres humanos, algo que as pessoas querem receber a todo custo. Todo mundo quer ser amado pelos outros. Mas o quanto as pessoas esperam receber e o quanto sentem ter recebido vai determinar sua felicidade e infelicidade.

O amor tem sido retratado em muitos romances e poemas, e é tema abordado por diversas filosofias. Há também inúmeras músicas e pinturas com a temática do amor. No entanto, ninguém na história foi capaz de descrever o que é o verdadeiro amor e defini-lo com perfeição. Por isso, eu gostaria de dedicar este capítulo inteiro a pensar sobre o amor a partir de diferentes perspectivas.

Declarei antes que o conhecimento é importante na sexta dimensão. Disse também que esse conhecimento não é uma mera coleção de informações relativas a este mundo, mas é o conhecimento da Verdade, ou da Verdade Búdica. Revelo agora que o mundo do amor está acima do mundo do conhecimento, sendo um nível mais elevado. Desde tempos antigos, afirma-se que o amor supera o conhecimento. Mas isso não equivale a dizer que, se você tem amor, o conhecimento é desnecessário. Significa que, embora o conhecimento seja importante, ele é superado pelo amor. Podemos constatar isso também ao considerar o que os humanos têm aprendido por meio de suas experiências sobre o amor.

Há pessoas que são boas com os outros e sempre estão dispostas a ajudar, mas muitas vezes percebem que elas mesmas não são felizes. Por quê? É por serem generosas demais, e acabam tendo uma "obsessão pela caridade". Há muitos casos assim, de pessoas que cuidam dos outros, quase que de forma obsessiva, com todas as boas intenções, mas que acabam ficando ressentidas e com uma sensação de vazio por dentro. São muitas aquelas que se dedicam aos outros e não recebem gratidão por isso nem reconhecimento, e então seguem na vida sentindo-se desconsideradas. Isso ocorre porque acabam se tornando vítimas da "obsessão pela caridade".

O amor parece algo tão simples e fácil, mas é de fato muito difícil de praticar. Isso porque o amor precisa ser praticado de uma maneira que alimente os outros de forma positiva. E para nutrir os outros, você precisa ter uma compreensão profunda das outras pessoas e do mundo, e conhecer a verdadeira natureza do coração humano e do coração de Buda. Sem esse conhecimento, você não poderá nutrir os outros realmente. Portanto, podemos afirmar que o amor, desde que apoiado pelo conhecimento, consegue nutrir, guiar e desenvolver as pessoas neste mundo, e que o amor sem conhecimento é inconsistente, fugaz e frágil.

No entanto, ao examinarmos em profundidade a verdadeira natureza do coração humano, descobrimos que o amor brota de maneira infinita do nosso interior como uma fonte. Então, eu gostaria que você começasse tentando identificar o amor como uma nascente que flui das profundezas do coração, da parte mais íntima de nosso coração.

2
As funções do amor

Vamos refletir agora sobre as funções do amor. De que modo o amor age? Ou, em outras palavras, qual é o propósito do amor? Qual é o papel do amor? O que aconteceria se o amor desaparecesse? Será que o amor é algo fundamentalmente necessário? Ou os humanos apenas pensam que o amor é necessário e por isso decidem que devem amar uns aos outros? Precisamos examinar esses pontos. Depois que os humanos nascem do útero da mãe, têm pela frente 60 ou 70 anos de vida antes de envelhecer e morrer. Qual é a energia que flui ao longo de nossa vida? Qual é a força impulsionadora que nos permite viver várias décadas de uma vida plena? Vamos primeiro pensar a respeito disso.

Tente olhar de forma retrospectiva para os dias em que você era um bebê engatinhando pelo chão, depois brincando no jardim da infância, e mais tarde no ensino fundamental e médio.

Vamos primeiro examinar o que os bebês fazem. Parece que a principal atividade deles é sentir e ganhar o amor da mãe. O amor é a primeira experiência básica da qual se tornam conscientes. Essa é uma capacidade inata. Se um bebê não se sente amado, ele chora; ao se sentir amado, porém, parece muito feliz e satisfeito. Quando recebe leite ou brinquedos, fica feliz; quando não consegue ver a mãe ou quando as coisas não andam do jeito que ele quer, chora ou berra. Ao ver isso, não podemos deixar de notar que os bebês já demonstram o funcionamento do amor instintivo, mesmo sendo ainda puros e inocentes. Desde muito novinhos, já são extremamente sensíveis e sabem se estão recebendo amor ou não.

À medida que crescem e chegam aos 3, 4, 5 e 6 anos de idade, ficam mais preocupados e atentos, vendo qual de seus irmãos é mais amado pelos pais. Quando nasce um irmãozinho, até uma criança de 4 ou 5 anos de idade começa a se comportar mal ao sentir que os pais estão dando mais amor ao irmão ou irmã mais novos. É a origem do ciúme. O ciúme começa em uma idade surpreendentemente precoce.

Ao vermos como e quando o ciúme aparece, podemos constatar que ele nasce do forte desejo de ser amado. Quando esse desejo não é atendido, as crianças ficam enciumadas e mudam de atitude, como ficar malcriadas ou causar problemas aos outros. É como se o amor que recebemos durante a infância fosse como "comida" para nós.

Quando as crianças ficam mais velhas e passam do ensino fundamental para o médio, descobrem que o amor é algo que não é dado apenas pelos pais, mas vem também de seus colegas e professores. Se os adolescentes vão bem nos estudos, são elogiados por seus professores e ganham a admiração de seus colegas. Essas coisas dão-lhes muita satisfação. Mesmo que não sejam bons nos estudos, podem ainda assim atrair a atenção dos outros e ser amados – por exemplo, por se destacarem nos esportes. Os que vão bem nos esportes ou nos estudos costumam ser admirados e amados pelos membros do sexo oposto. Podemos dizer que este tipo de amor que as crianças ganham funciona como um "alimento" para se manterem até alcançar a idade adulta.

E o que ocorre quando chegam à idade adulta? Os adultos, com vinte e poucos anos, começam a pensar seriamente em se casar – as mulheres querem se casar por volta de seus 25 ou 26 anos e os homens entre 27, 28 e 30 anos. Pensando na possibilidade de serem amados por alguém do sexo oposto, querem estudar em boas escolas ou se estabelecer na sociedade e trabalhar duro. As mulheres vestem-se com roupas mais bonitas e usam maquiagem, explorando maneiras de ficar mais atraentes. Tudo isso vem do desejo de conquistar o amor dos outros.

Ao examinarmos esses estágios da vida vemos que, se deixados por sua conta, os humanos instintivamente desejam apenas isso, ser amados pelos outros. A questão, porém, é: será que essa forma de vida é suficiente? Será que é realmente bom passar a vida inteira, desde o momento em que nascemos, restritos a tentar obter amor dos outros? Vamos examinar isso melhor.

3
A dinâmica do amor

É aqui que a dinâmica do amor entra em cena. Em outras palavras, trata-se do relacionamento entre o amor de uma pessoa e o amor da outra, ou da lei de ação e reação entre duas pessoas. Precisamos refletir sobre essa dinâmica do amor.

Todo mundo anseia receber amor quando é bebê. Quem fornece esse amor são os pais. Há o amor de pai e o amor de mãe; os pais agem como supridores de amor e derramam seu amor e afeto nos filhos. Quando as crianças se tornam adultas, casam-se e têm seus próprios filhos, derramam seu amor nos filhos. Estes desfrutam do amor de seus pais. Depois, para os avós, esses filhos são como tesouros. A mera presença dessas crianças é amor e se torna uma fonte de alegria para os avós, que ficam felizes só de olhar para o rosto de seus netos ou de segurá-los pela mão. Isso mostra que amor não é apenas receber; todos dão amor uns aos outros, de uma maneira ou de outra.

Podemos perceber que o amor é algo que circula. Na realidade, o amor circula a cada 20 a 30 anos. Os pais dão seu amor aos filhos, então estes crescem, tornam-se pais e dão amor aos próprios filhos. As pessoas têm netos, e então dão seu amor como avós. Desse modo, o amor perfaz um ciclo de 20 a 30 anos.

Assim é a circulação do amor dentro de uma família. Mas os seres humanos são confrontados com um desafio maior do amor: o do amor entre um homem e uma mulher. Quando os filhos chegam por volta dos 10 anos e começam a ter uma noção mais clara das coisas, vão aos poucos tomando consciência do sexo oposto, e perto dos 20 anos sua mente fica preenchida por pensamentos sobre o sexo oposto. Os garotos pensam muito em garotas e vice-versa. Da mesma forma que os ímãs se atraem, eles não conseguem parar de pensar o dia inteiro no sexo oposto. Trata-se de um sentimento muito estranho e inexplicável.

Além disso, quando um homem e uma mulher começam a namorar, sentem uma lealdade natural um pelo outro, como se tivessem assinado uma espécie de contrato. A mulher sente de maneira instintiva: "Ele me ama muito, portanto não devo me aproximar demais de outros homens". Isso vale também para o homem. Ele naturalmente pensa: "Ela aceita meu amor, portanto seria grosseiro se eu me aproximasse demais de outras mulheres". É um mistério, mas forma-se esse tipo de relacionamento entre ambos, semelhante a um contrato. Isso mostra que tanto o homem quanto a mulher sabem de maneira inata que o amor é algo que une aqueles que sentem amor um pelo outro. Homens e mulheres começam a sentir amor um pelo outro desde a adolescência e continuam assim por volta dos 20 anos; experimentam o poder do amor e a natureza do amor como um contrato de vínculo.

Essas experiências lançam as bases para que o amor conjugal surja no devido tempo. O amor entre marido e mulher é protegido por lei; é exclusivo e não permite que outros se intrometam no relacionamento. Vemos, então, que o amor às vezes tem essa natureza de exclusividade. Se, por exemplo, um marido passa se divertindo mais tempo fora de casa e raramente se dispõe a permanecer no lar, a esposa fica muito triste. Ou, se uma esposa sai muito para se divertir e fica pouco tempo em casa, o marido sente um vazio interior. Como vemos, o amor envolve um desejo de exclusividade em relação ao parceiro, e isso leva a querer impedir que outras pessoas invadam o relacionamento.

4
Amor eterno

Afirmei que o amor entre um homem e uma mulher, ou amor conjugal, tem uma natureza exclusiva e possessiva. Mas será que o fato de se mostrar possessivo em relação ao seu parceiro é um desejo de autoproteção? Será que essa forma de amor deveria ser permitida? Vamos agora refletir sobre esse ponto.

Algumas pessoas podem dizer: "Espera-se que, em essência, os seres humanos amem todas as pessoas de forma igual, portanto devemos tratar todos da mesma maneira". Mas, o que ocorre se uma esposa se mostra igualmente carinhosa com todos os homens e passa a tratá-los da mesma maneira que trata o marido? Ou se um marido trata todas as mulheres do mesmo jeito que trata a esposa? Qual a consequência disso? A consequência é que o casamento irá se desfazer.

Por que há essa expectativa de que um homem e uma mulher se casem e vivam juntos? A razão é que na vida de casados provavelmente terão filhos, e irão criá-los e construir uma família. Mas, e se formar uma família fosse dispensável? E se os homens e as mulheres existissem apenas para a reprodução biológica e a responsabilidade de criar os filhos ficasse com o governo, como é descrito no estado ideal de Platão? Significaria que o único propósito de homens e mulheres se juntarem seria para produzir filhos.

A verdade, porém, é que não é essa a Vontade de Buda. Buda considera possível colher um belo fruto no processo de um homem e uma mulher cooperarem ao longo de várias décadas tendo filhos e criando uma família feliz. A natureza exclusiva e possessiva encontrada no amor entre homens e mulheres pode, à primeira vista, parecer um desejo egoísta de proteger a si mesmo. Mas, na realidade, é a quantidade mínima de mal necessária para alcançar um propósito mais elevado, isto é, desenvolver um grande amor familiar ou trazer felicidade à família. Ser exclusivista e possessivo pode parecer o comportamento de uma mente estreita, mas são sentimentos que na realidade atuam para criar algo de nível mais elevado.

Portanto, quando um homem e uma mulher se amam, não é necessariamente ruim que sintam possessividade pela outra pessoa. Se esse desejo, porém, se torna extremado a ponto de um ficar tentando controlar o outro e desrespeitando sua dignidade – mais especificamente, quando o ciúme fica excessivo –, abre-se caminho para a infelicidade. Por outro lado, é possível supor que uma quantidade "saudável" de ciúme seja permitida entre um homem e uma mulher, o que equivale a dizer que, se o ciúme é mantido dentro do razoável e contribui para proteger o casamento, ele passa a ser aceitável. O ciúme excessivo, que deixa a pessoa suscetível demais e a faz culpar e acusar o parceiro a toda hora, com certeza cria infelicidade.

Refletimos sobre o amor entre homens e mulheres. Quando Buda permite que homens e mulheres se apaixonem, casem-se, alimentem um amor conjugal e pratiquem o amor como pais, Ele está educando os humanos sobre o amor. Na realidade, por meio desse amor, Buda ensina aos humanos que Ele é o próprio amor.

No entanto, o amor entre um casal ou o amor entre pais e filhos não é eterno nem imutável. Ele se baseia de certo modo no instinto. Embora a palavra "coincidência" possa não ser muito apropriada, alguns relacionamentos começam e frutificam em amor por obra do acaso. De qualquer modo, Buda planejou que mulheres e homens se casem, tenham filhos e constituam uma família.

Mas será que isso é tudo o que Ele espera? Claro que não. Buda permite que o amor se desenvolva entre homens e mulheres para que os seres humanos consigam despertar para o verdadeiro amor. Não importa o quanto uma pessoa seja egoísta, mesmo assim ela tem sentimentos amorosos em relação ao sexo oposto, ou pelo menos sente afeto pelos filhos. Esse amor pelo sexo oposto ou pela própria família é um passo em direção à compreensão do amor eterno. Ao experimentar essas formas básicas de amor, a pessoa desperta para um nível de amor ainda mais elevado – essa é a verdadeira intenção de Buda. Os humanos devem sempre se lembrar disso.

5
Por quem você ama?

Examinamos alguns pensamentos relacionados com o amor a partir de vários ângulos. Agora, vamos considerar o seguinte: "De onde vem o amor que você dá?". Em outras palavras: "Por quem você ama?".

Desde a infância, os humanos aprendem de maneira instintiva que é bom receber amor e que é ruim quando isso não ocorre. Porém, se todos ficarem do lado de receber amor, não sobrará ninguém para oferecê-lo. Se houver apenas procura por amor, mas não houver oferta, a fonte do amor se esgotará neste mundo. Até mesmo de comida a oferta neste mundo é insuficiente. Portanto, se todo mundo desejasse ser amado, mas não houvesse ninguém para oferecer esse amor, haveria grande procura por amor, mas não haveria oferta. O resultado seria um mundo cheio apenas de pessoas carentes de amor.

O amor não existe só entre homens e mulheres ou dentro da família. Ao analisarmos a sociedade, vemos que o amor também existe entre pessoas fora da família. Talvez não seja chamado de "amor", mas as pessoas no mínimo se preocupam em saber se os outros pensam bem ou mal delas. Podemos dizer que alguém que é bem-visto pelos outros está sendo amado. Do mesmo modo, pessoas que pensam bem dos outros, que cuidam deles e são bondosas estão na realidade dando amor aos demais.

Quando examino as pessoas que vivem na Terra com meus olhos espirituais, elas me parecem viajantes caminhando por um deserto, morrendo de sede e vagando a esmo. Sob um sol abrasador, vagam pelo deserto dizendo: "Tenho sede, tenho sede". Se pelo menos pudessem se amar, saciariam sua sede, mas não conseguem, porque pensam apenas em receber amor, nunca em dar.

Se você observar a atual situação na Terra, encontrará a resposta à pergunta: "De onde vem o amor que você dá?". Talvez já tenha ouvido o provérbio: "Tudo o que vai, volta". Significa que as coisas que você faz para os outros acabam voltando para você. Do mesmo modo, se você ama os outros, em alguma hora o amor que você dá volta a você.

Eu gostaria que todos os meus leitores pensassem nessa "economia do amor". Por exemplo, quando um fazendeiro cultiva legumes e arroz, ele leva a colheita ao mercado para vendê-la e é pago por isso. Com o dinheiro que ganha, compra as coisas de que precisa. Se comprar um carro, o construtor do carro ganhará dinheiro, que poderá então usar para comprar legumes, arroz e assim por diante. Ou seja, tudo circula. Em nossa economia, o valor criado pelo trabalho de cada um circula de modo constante na forma de dinheiro. O mesmo ocorre com o amor; o amor que você dá é devolvido a você por outra pessoa. Você recebe o tanto que deu. Isso constitui uma lei.

Por exemplo, no caso do arroz, você ganha dinheiro de acordo com a quantidade que tiver plantado. No que se refere ao trabalho, você recebe um salário de acordo com o valor que é dado ao seu trabalho. Quanto ao amor, você receberá a mesma quantidade de amor que tiver oferecido aos outros. Talvez não volte a você de uma forma visível nesta terceira dimensão, mas, do ponto de vista espiritual, é exatamente assim que acontece. O amor volta àqueles que deram amor. Isso significa que, quanto mais você dá, mais recebe. Por isso, os espíritos das dimensões mais elevadas, ou os espíritos guias de luz, que amam um grande número de pessoas, recebem uma quantidade de amor igualmente grande.

Então, de onde vem o amor que eles recebem? Vem da admiração das pessoas que eles amam? Sim, isso com certeza é verdade, mas não é tudo. O retorno da recompensa pelo amor que eles dão vem de Buda; vem como uma grande bênção de Buda.

6
A verdadeira salvação

Agora, vamos mudar o foco e pensar em que consiste a verdadeira salvação. Afirmei que a sétima dimensão é o mundo do amor. Também mencionei os diferentes tipos de amor – o amor dentro da família, o amor entre pais e filhos, e o amor entre homens e mulheres. Portanto, qual é o tipo de amor que predomina entre os habitantes da sétima dimensão? O amor da sétima dimensão não é obviamente o tipo de amor instintivo sobre o qual falei há pouco, isto é, o amor entre pais e filhos ou o amor entre um homem e uma mulher.

Quando os *bodhisattvas* da sétima dimensão nascem num corpo físico e vêm viver na Terra, seu principal trabalho é amar os outros, inclusive aqueles com quem não tenham necessariamente um relacionamento pessoal. Como a Vontade de Buda é a própria vontade deles, dedicam-se a iluminar e salvar as pessoas do mundo. Esse é o tipo de vida que os *bodhisattvas* levam na Terra e é o que continuam fazendo ao voltar para o outro mundo.

As religiões que têm foco na Força Externa enfatizam o movimento de salvação. Dão grande importância a salvar os outros, ajudá-los a encontrar salvação. Mas o que é exatamente a verdadeira salvação? Vamos refletir sobre esse ponto.

Eu afirmei há pouco que, quando examinamos este mundo terreno com olhos espirituais, temos a impressão de ver viajantes cansados, em movimento constante sob o calor sufocante de um deserto, vagando à procura de água ou de um oásis. Se as pessoas deste mundo da terceira dimensão estão nessa condição, o que a salvação pode significar para elas? A verdadeira salvação permite saciar sua sede. É a conclusão a que devemos chegar.

Então, qual é a "água" que sacia sua sede? Há 2 mil anos, quando Jesus Cristo dirigiu-se a uma samaritana para pedir um copo de água a fim de saciar sua sede, fez a ela o seguinte sermão: "Você pode saciar sua sede com água, mas ficará com sede de novo. Mas aqueles que saciam sua sede com as 'palavras de vida' que ofereço, nunca mais terão sede".

E o que Ele declarou realmente é verdade. É nisso que reside a verdadeira salvação. O que Jesus quis dizer com "palavras de vida" são os ensinamentos que guiam a alma humana em seu despertar para a vida eterna. Em outras palavras, são a Verdade Búdica. As pessoas que vivem para defender a Verdade Búdica já despertaram para a vida eterna, por isso não ficam perdidas, não se cansam, não sentem sede.

Inúmeros viajantes cansados ergueram-se sobre os próprios pés depois de receber as palavras da Verdade Búdica, que lhes ensinaram como viver. Portanto, o verdadeiro amor, ou a verdadeira salvação, está em oferecer a Verdade Búdica para despertar as pessoas, repreendê-las e iluminá-las, usando palavras poderosas. Afinal, a essência da obra de um *bodhisattva* é disseminar as palavras da Verdade Búdica para proteger o coração das pessoas da sede e salvá-las.

7
A vida das grandes figuras

Vou agora passar para o assunto das grandes figuras. Há muitas grandes figuras na história da humanidade. Obviamente, nem todas foram líderes religiosos; houve grandes personagens também em outras áreas. Esses indivíduos excepcionais viveram com amor para guiar os outros, e sua própria existência constituía um ato de amor. Devemos refletir em profundidade sobre a vida dessas pessoas. Elas viveram voltadas não apenas para o amor entre homens e mulheres ou para o amor conjugal. Nem em função apenas do amor entre pais e filhos. Seu modo de vida mostrou que podemos encontrar pessoas que amam, mas que levam um tipo de vida completamente diferente daquelas que vivem para esses tipos de amor.

Jesus Cristo foi um exemplo disso. Quanto ao amor por seus pais, Ele fez várias coisas consideradas não filiais, impróprias para um bom filho. Como o pai de Jesus era carpinteiro, havia a expectativa de que Ele se tornasse também um artesão competente e assumisse o negócio do pai, que se casasse, criasse filhos e sustentasse Sua família por décadas. Se tivesse levado uma vida assim, seria considerado um bom filho, mas não foi esse o tipo de vida que escolheu.

Jesus chegava a ser até um pouco rude com a própria mãe, aquela que as gerações posteriores passaram a reverenciar como a Virgem Maria. Certa vez, dirigiu-se a ela dizendo: "A alma dos humanos vem do céu, não de humanos. Portanto, minha senhora, embora sejas mãe de meu corpo físico, no que diz respeito à minha alma, não és minha mãe. Não te esqueças disso". De um ponto de vista mundano, essa não é uma maneira muito respeitosa de se dirigir à própria mãe.

Na realidade, Jesus tampouco tinha um relacionamento muito bom com seus irmãos. Possuía quatro irmãos que, diferentemente de Jesus, eram pessoas bem comuns. Na sua família, apenas Jesus fugia do padrão convencional. Seu pai, José, não entendia o verdadeiro sentido da vida de Jesus, nem seus irmãos. Acusavam-no dizendo: "Que irmão mais tolo. Em vez de nos ajudar trabalhando como carpinteiro, resolveu iniciar uma nova religião e fica o tempo todo falando coisas estranhas."

Jesus, porém, vivia para o amor de um nível mais elevado, e dedicou a vida a salvar a humanidade. Precisamos saber que existe um amor que transcende o amor da família, o amor pelos irmãos e o amor entre pais e filhos.

Isso vale também para Sidarta Gautama, o Buda Shakyamuni. Vamos examinar sua vida. Ele abandonou seu lar, o Palácio de Kapilavastu, aos 29 anos, deixou a esposa e o filho, ignorou o desejo de seu pai e renunciou ao mundo. Depois, submeteu-se a um treinamento ascético nas montanhas durante seis anos. Nascido príncipe, esperava-se que sucedesse ao pai como rei, mas descartou essa possibilidade e saiu de casa. Portanto, do ponto de vista mundano, não foi um bom filho no sentido convencional. Também teve uma esposa, chamada Yashodhara, e um filho, Rahula, mas abandonou-os; só voltou a Kapilavastu depois de alcançar a Grande Iluminação. Nesse sentido, foi um destruidor do amor entre homens e mulheres, ou do amor conjugal, e negligente em relação ao amor entre pais e filhos.

Mesmo assim, a real intenção do Buda Shakyamuni não era negar esses tipos de amor; isso foi apenas uma contingência. Na realidade, precisou cortar esses vínculos para poder atender a um propósito mais elevado. Se tivesse continuado a viver no palácio, não teria sido capaz de alcançar a iluminação de Buda nem de pregar os ensinamentos de Buda. Não teria ensinado as Leis se continuasse como príncipe.

Portanto, não devemos deixar de considerar as circunstâncias daqueles tempos. E, de qualquer modo, depois que formou seu grupo de discípulos, convidou a esposa e o filho para se juntarem a eles e cuidou de ambos, como seus discípulos. Também aceitou muitos homens e mulheres jovens de seu clã – o clã Shakya – em sua organização. São pontos que não devemos esquecer. Portanto, foi um homem com forte senso de responsabilidade.

Talvez seja demais pedir que as pessoas do nosso mundo atual ou de gerações futuras busquem a iluminação à custa de seu amor pelos cônjuges, pais ou filhos. Uma maneira desejável de praticar o amor seria salvar as pessoas do mundo e ao mesmo tempo manter uma vida familiar harmoniosa, cuidando bem do seu ambiente familiar, do relacionamento entre pais e filhos, do trabalho e da própria ocupação. Essa é uma forma universal de amor.

Não devemos esquecer, porém, que entre as grandes figuras há pessoas que são exemplos de uma excepcional forma de amor. Sua própria existência pode ser vista como o *amor encarnado*, e sua vida brilha como o Sol ou as estrelas para guiar o caminho da humanidade. Essa é a verdade. A humanidade deve prestar todo o respeito a essas pessoas pela vida que elas viveram.

8
Uma personificação da Vontade de Buda

Falamos sobre a vida de grandes figuras da história. No final, o que as levou a renunciar ao amor terreno foi saber que sua existência inteira aqui deveria ser dedicada a viver um amor de nível mais elevado. Sacrificaram algo de um nível mais baixo em nome de algo de nível mais elevado. Isso significa que seu amor por Buda foi maior e mais profundo que seu amor por outros seres humanos.

Certas pessoas vivem para amar os outros, embora levem em conta também os próprios pensamentos e sentimentos. Mas o coração humano muitas vezes oscila e muda. Por outro lado, há algumas que vivem para o amor de Buda, cuja Vontade é eternamente inabalável. Sem dúvida, há diferenças em como esses dois tipos de pessoas conduzem a própria vida.

Seu amor só será verdadeiramente eterno e inabalável se você se tornar uma personificação da Vontade de Buda. Somente quando o fato de viver fazendo a Vontade de Buda coincidir com sua própria vontade é que haverá uma forma verdadeira de amor. O amor entre homens e mulheres, entre pais e filhos e entre irmãos não deve ser negado, mas valorizado. Porém, essa forma instintiva de amor é dada aos humanos para que se preparem para o amor por Buda, que é de um nível mais elevado.

Agora, vamos refletir sobre o "amor *de* Buda" e o "amor *por* Buda". Buda abraça a humanidade com um amor ilimitado. Esse amor ilimitado não é o tipo de amor que você anseia receber e que lhe é dado. Não é uma forma de amor do tipo dar-e-receber, mas um amor que apenas dá, assim como o Sol oferece à Terra, e também às plantas, animais e seres humanos que vivem nela, uma energia infinita que nunca pede um centavo em troca. De maneira semelhante, Buda apenas dá, e continua a brilhar como o próprio amor, ou como a maior forma de "amor encarnado".

Você precisa ter consciência desse amor que vem de Buda, e compreender que tem recebido muito amor d'Ele. Só poderá se considerar filho de Buda quando sentir gratidão por Ele, que simplesmente lhe dá tanto amor. Seria uma vergonha se os seres humanos não sentissem nada diante de tanto amor maravilhoso que recebem de Buda todos os dias, de forma contínua. A impressão é que muitas pessoas no mundo respeitam pouco o amor ilimitado e incondicional que Buda oferece. Ou melhor, creio que a maioria das pessoas nem sequer tem consciência do que Ele lhes oferece.

No entanto, você precisa entender que está sendo amado por Buda e devolver esse sentimento àqueles ao seu redor. Quando as pessoas se tornam adultas e têm filhos, naturalmente amam esses seus filhos da maneira como foram amadas por seus pais. Buda é o Pai e a Mãe da humanidade. É o Pai da humanidade e, como Pai, ama toda a humanidade sem limites. Portanto, acredito que os humanos devem retribuir, transmitindo esse amor a alguém.

O que quero dizer é que você precisa ter uma profunda consciência de que, como humano, vive como filho de Buda. Não se trata de amar os outros pelo desejo de conseguir com isso uma boa reputação, ou de ser acolhido com boas palavras ou elogios; deve dar amor aos outros porque já é amado infinitamente por Buda.

Vistos com olhos espirituais, os seres humanos recebem o amor de Buda da mesma maneira que uma antena de televisão recebe sinais de uma estação transmissora. Por isso, digo: "Se você já recebeu tanto amor, por que não o transmitir a alguém mais?" Uma vez que Buda ama você, transforme esse amor em amor por outras pessoas; deixe que esse amor flua através do mundo. É seu dever deixar que o amor que recebeu de uma correnteza amorosa que flui lá do alto siga livremente adiante.

9
Diferenças nas almas

Vamos examinar agora as diferenças entre as almas. A alma humana pode ser descrita como um recipiente para receber o amor de Buda. Se esse recipiente é pequeno, logo transborda, mas um recipiente maior pode receber uma quantidade maior de amor de Buda. O reservatório de uma represa armazena muita água e produz eletricidade ao liberar essa abundância de água e aproveitar o poder da água para fazer girar as turbinas. Do mesmo modo, toda alma humana tem um "reservatório" de tamanho particular e gera energia de acordo com a quantidade de "água" que é capaz de armazenar.

As almas que têm os maiores reservatórios são os salvadores da nona dimensão. Eles têm reservatórios de um tamanho inigualável, e estão sempre transbordando água. Portanto, a água que liberam de seu reservatório flui corrente abaixo com tremendo poder e faz girar as turbinas vigorosamente. Com isso, é gerada máxima energia, que vai circulando pelo mundo todo.

A quantidade de energia gerada por um reservatório varia de acordo com a quantidade de água armazenada nele. Do mesmo modo, a extensão em que uma alma é capaz de dar amor depende da sua capacidade de abrigar o amor de Buda. Além disso, do mesmo modo que ocorre com a energia hidrelétrica gerada pelo poder da queda-d'água, quanto mais alto estiver o reservatório, maior o percurso que a água em queda percorrerá e maior, portanto, a energia produzida. Por isso, o nível da alma também é importante. Uma alma numa dimensão mais elevada, isto é, uma alma com um caráter mais nobre, será capaz de gerar mais energia, porque terá um fluxo de "água" mais potente.

Portanto, se você quer se desenvolver para receber uma quantidade de amor maior, precisa trabalhar para "ampliar seu recipiente" e "elevar seu caráter" – isto é, deve direcionar toda a sua energia para trabalhar essas duas coisas. Para ampliar seu recipiente, esforce-se para ter uma mente mais aberta. Cultive a tolerância, a fim de poder acolher e abarcar todas as coisas. Essa é uma forma de disciplina espiritual. A outra forma é aumentar a altura da represa, isto é, elevar sua alma em direção a Buda, passo a passo, dedicando-se ao estudo e ao trabalho. Esse esforço nada mais é que uma disciplina espiritual rumo à iluminação.

Mas o que é iluminação? Como podemos definir a iluminação? Na realidade, iluminação é o "alimento da alma" que você obtém ao assimilar a Verdade Búdica e colocá-la em prática. É a experiência e o alimento adquirido por meio da assimilação e da prática da Verdade Búdica – a iluminação é isso. Portanto, você precisa absorver continuamente a Verdade Búdica, estudá-la e colocá-la em prática; expressá-la em suas ações e expandir seu amor no processo. Deve aumentar seu nível de tolerância, elevar sua alma, e se tornar um imenso "reservatório".

10
O que supera o amor

Refletimos bastante sobre o amor que percorre o mundo da sétima dimensão. De certo modo, o amor é um sentimento que atua vinculado aos outros; é algo que ocorre entre as pessoas, entre as pessoas e os animais, e entre as pessoas e as plantas. O amor é algo que surge entre os seres vivos, e praticamente não existe por si. É diferente de uma joia, por exemplo, que tem brilho próprio. O amor não é assim, ele é algo que é trocado entre as pessoas; é o que damos uns aos outros. É assim que o amor geralmente funciona.

Dito isso, porém, o amor entre os seres vivos não é a única forma de amor verdadeira. Há também o amor que lança uma luz brilhante pelo simples fato de existir, como um diamante ou um cristal que cintila à luz do sol da manhã. Esse amor supera o amor que existe entre pessoas, ou entre elas e as plantas ou animais, ou o amor por minerais ou objetos materiais.

O que supera o amor? Vou responder a esta pergunta: o que supera o amor é a misericórdia. Um diamante brilha de modo intenso, mas não porque espera receber algo em troca; ele apenas se mantém assim, emitindo luz eternamente. Do mesmo modo, há uma forma de amor maior, que brilha por si, sem esperar nada em troca. Um amor que é oferecido de maneira contínua e incondicional, uma existência de amor inabalável – essa forma de amor é a "misericórdia".

Suponha que você está caminhando por um vale. Quando faz uma pausa para descansar, digamos que vislumbra uma azaleia colorida ou uma violeta brotando lindamente entre as pedras. Por que as violetas são lindas? Qual é o propósito das flores quando brotam em seu esplendor?

As flores florescem por florescer – é isso o que define sua existência. Acredito que elas estão oferecendo a nós a oportunidade de refletir sobre a importância e o valor da "existência". Os lírios florescem nos vales apenas porque florescem, e os diamantes brilham porque brilham – e sinto nisso a presença de algo que supera o amor. Não se trata mais de dar e receber, mas de apenas dar, de uma existência que é o próprio amor – isso é o que chamamos de misericórdia. A misericórdia é valiosa em si, ela independe da existência de outras coisas ou seres. O que supera o amor é a misericórdia.

Em resumo, a misericórdia é o "amor encarnado". É a existência de algo ou de alguém que é o próprio amor; como a simples presença de uma pessoa que é amor para os demais. Essa forma de amor, o amor encarnado, é um estado próximo de Buda. Buda oferece amor a todos os seres pelo simples fato de existir. Sua existência, ela mesma, é amor por todos os seres. A misericórdia, ou amor encarnado, é o que supera o amor que nasce entre as pessoas. É por isso que se espera de todos os seres humanos que deem um passo adiante e ingressem no mundo da misericórdia.

CAPÍTULO CINCO

O mundo da oitava dimensão

1
O que são *tathagatas*?

Nos capítulos precedentes, apresentei um quadro geral do Mundo Espiritual, chegando até o Reino dos *Bodhisattvas*. Neste capítulo, gostaria de avançar e descrever o Reino dos *Tathagatas* da oitava dimensão. O termo *tathagata*, do mesmo modo que *bodhisattva*, é de origem budista, e equivale ao termo cristão *arcanjo*. Os *tathagatas* são também chamados de "grandes espíritos guias de luz".

Primeiro, vou definir *tathagata*. O termo japonês equivalente a *tathagata* é *nyorai*, que significa "aquele que veio". Mas de onde veio esse *alguém*? Veio da *verdadeira talidade*, que significa "Verdade Absoluta" no budismo. Assim, um *tathagata* é alguém que desceu a este nosso mundo vindo de um mundo de iluminação incrivelmente alta, como personificação da Verdade Absoluta. É difícil dar uma descrição genérica do grau espiritual dos *tathagatas*, mas sem dúvida eles têm sido, no mínimo, figuras de grande destaque na história da humanidade.

Você sabe quantos *tathagatas* existem ao todo? Avalia-se que a população total do Mundo Espiritual seja de 50 bilhões de espíritos, e que há apenas pouco mais de 400 *tathagatas*, ou seja, menos de 500. Apenas. Isso significa que, de cada 100 milhões de espíritos, só um deles é um *tathagata*. Portanto, considerando que o Japão, por exemplo, tem cerca de 120 milhões de habitantes, provavelmente ele abriga em todo o país apenas um *tathagata*.

Sem dúvida, em eras em que são pregadas as Leis de grandes dimensões, os seres chamados de *tathagatas* tendem a aparecer em grande número na Terra; portanto, não podemos dizer com exatidão quantos *tathagatas* vivem na atual era. Em geral, vêm à Terra apenas alguns poucos em cada era, assim, não veremos dezenas ou centenas de *tathagatas* assumindo um corpo físico numa mesma era. Afinal, a presença de um *tathagata* é por si só como o pico de uma gigantesca montanha. Se houvesse, por exemplo, montanhas altas como o monte Fuji em todos os lugares do Japão, isso resultaria numa situação caótica. Montanhas elevadas como o monte Fuji ou o monte Aso criam um cenário belo e equilibrado por se destacarem isoladamente, em diferentes lugares. Com os *tathagatas* ocorre algo semelhante, ou seja, não encontramos *tathagatas* por toda parte na mesma era. O usual é que haja poucos, pois são pessoas raras, que se erguem a grande altura, como o monte Fuji, no período em que nascem.

Quando uma civilização alcança o auge de seu crescimento, vários *tathagatas* nascem num corpo físico. Um exemplo foi a época de Sócrates, na Grécia. Sócrates era um *tathagata*, assim como seu discípulo, Platão, e o discípulo de Platão, Aristóteles. Naquela época, viveu também Pitágoras, outro *tathagata*, e algum tempo depois Arquimedes (da nona dimensão). Esses *tathagatas* nasceram na Grécia e regiões próximas. Na antiga China, Confúcio (da nona dimensão), Lao-tsé e Mo-tzu [ou Mozi] também eram *tathagatas*. Eles foram os criadores da antiga cultura chinesa.

No cristianismo, eram *tathagatas* Jesus Cristo (da nona dimensão) e João Batista, que anunciou a vinda de Jesus. Jeremias e Elias, mencionados na história dos profetas judeus, também. No budismo, vários *tathagatas* marcaram presença – sendo o maior deles o Buda Shakyamuni (da nona dimensão).

Os *tathagatas* aparecem na Terra para elevar o nível cultural e conduzir a era ao seu apogeu. Agem como um núcleo e ensinam as Leis, ou trabalham para produzir uma nova cultura ou arte, elevando o nível daquela civilização. À medida que o tempo passa, a cultura ou civilização que eles criaram acaba declinando, e mais tarde aparecem *bodhisattvas* na Terra para restaurá-la. Quando a cultura ou civilização restaurada também entra em declínio, novamente surgem os *tathagatas* para criar algo novo. As civilizações cumprem esses ciclos.

2
A natureza da luz

Aqueles que chegam ao Reino dos *Tathagatas* da oitava dimensão tornam-se plenamente conscientes da luz. A palavra *luz* é usada de diversas maneiras, como: "Buda é Luz e os humanos também são luz em essência", ou "Os espíritos elevados recebem a Luz de Buda de Sete Cores e desempenham suas atividades". Mas o que é a luz? Será que é como um raio de sol ou algo parecido? Tenho a impressão de que as pessoas costumam usar a palavra "luz" sem questionar o que ela significa, portanto sinto a necessidade de renovar nossa compreensão da luz de Buda e defini-la de forma clara.

Quando dizemos "Buda é Luz", o que queremos dizer? Uma maneira de definir o conceito de luz é destacar suas qualidades em contraste com seu oposto. Considera-se que o oposto da luz são as trevas, a escuridão; portanto, vamos pensar nos atributos das trevas. Primeiro, podemos dizer que elas são visivelmente obscuras. Além disso, têm outras características, como a indefinição, a melancolia, a desesperança e a falta de energia para viver. A luz deve, então, ter propriedades opostas às das trevas; assim, podemos dizer que "luminosidade" é uma delas. Além da luminosidade, ela também mostra diferentes tipos de vontade, de intenções, de caráter e de qualidades, que são a fonte de energia por trás de toda vida.

Quando falamos em luz e trevas, temos de lidar com o velho e muito discutido problema de monismo *versus* dualismo, isto é, a questão de se as trevas existem de fato. É certo que as trevas, em si, são uma existência passiva. Por exemplo, você não pode irradiar trevas a fim de criar a noite. A escuridão só existe porque a luz está bloqueada. Existe por haver um mediador, que se interpõe a ela. Por sua vez, a luz é uma existência positiva, um poder ativo.

Não importa o quanto uma luz em particular seja forte, se algo se interpuser a ela, haverá escuridão. E quanto mais forte a luz, mais escura a sombra. Mesmo uma luz intensa de 10 mil ou mesmo de 1 milhão de candelas não alcançará ninguém ou nada que esteja atrás de uma rocha. A luz se move naturalmente para a frente; portanto, se alguma coisa bloquear o caminho da luz, ela será bloqueada.

O mesmo pode ser dito a respeito do bem e do mal. O bem é uma existência ativa, enquanto o mal, uma existência passiva. Mas não podemos dizer que exista apenas o bem e que o mal não existe. Embora o mal seja uma existência passiva e exista por meio de um intermediário, com certeza está ali. Você poderia dizer: "Em essência, não existe algo como a escuridão"; porém, onde há luz, há trevas. Poderia afirmar também: "Em essência, não há algo como o mal"; mas, onde existe o bem, existe também o mal; o mal existe para fazer o bem se destacar.

Embora seja verdade que o mal não tem existência positiva, que é apenas a ausência do bem, também é verdade que a falta de bondade pode fazer parecer que o mal existe. Por exemplo, se você ilumina um quarto com uma grande luz fluorescente ou uma lâmpada, sem dúvida haverá sombras em alguns pontos do quarto, independentemente da intensidade da luz. Claro, se for um quarto com paredes totalmente espelhadas, não haverá sombras, mas num quarto típico habitado por pessoas, haverá sombras, não importa a intensidade com que o quarto seja iluminado, pois coisas como objetos de mesa ou a mobília irão bloquear de algum modo a luz. A partir disso, podemos dizer que as sombras, a escuridão e o mal não existem por si, mas são coisas que surgem no curso normal da vida humana.

3
A essência do espaço

Na seção anterior, falei sobre a luz de Buda. Agora, quero entrar no tópico do *espaço* e explorar um pouco mais a natureza da luz.

Em primeiro lugar, o que é o espaço? A humanidade levanta essa questão há muito tempo. O espaço possui comprimento, largura e altura, que criam o espaço de três dimensões; portanto, o espaço é um cubo semelhante a uma caixa tridimensional. Podemos definir o espaço desse modo, mas não é algo totalmente correto. O espaço não se refere apenas a comprimento, largura e altura, porque, na realidade, existem também os espaços da quarta, quinta, sexta e sétima dimensões, assim como o espaço da oitava dimensão, que é o tema desta seção. Devemos levar isso em conta.

A verdade é que a essência do espaço é um *campo*, o que implica que há uma consciência que pretende fazer com que algo exista dentro desse campo. O que quero dizer com "campo"? É uma área de atividade em que ocorrem diferentes tipos de fenômenos. É um lugar percorrido por energia e onde a energia tem permissão de desempenhar atividades. É isso o que quero dizer com "campo". Um campo é um lugar preenchido com energia e onde essa energia transita; é uma área indispensável para que a energia consiga desempenhar plenamente seu propósito. Essa é a essência do espaço em seu verdadeiro sentido.

Portanto, um espaço não é meramente um cubo com comprimento, largura e altura, mas um campo, necessário para que a luz de Buda desempenhe suas atividades e faça todo tipo de trabalho. Desse modo, a definição de um espaço tridimensional não se aplica ao espaço multidimensional da quarta dimensão e das dimensões acima dela, porque o espaço multidimensional não é um cubo. É um espaço criado por diferentes consciências, que com a luz de Buda podem fazer acontecer diversos tipos de fenômenos e desempenhar várias atividades.

4
Tempo eterno

A seguir, eu gostaria de falar sobre o *tempo*, que muitas vezes é colocado em contraste com o espaço. Costuma-se dizer que espaço e tempo se expandem em direções diferentes; que o espaço se expande horizontalmente enquanto o tempo se expande verticalmente. Mas, se não houvesse o tempo, será que ainda existiria espaço? De que maneira espaço e tempo se relacionam? Precisamos refletir sobre esses pontos também.

Defini antes que o espaço é um campo criado para que a luz desempenhe suas atividades. Quando a luz desempenha essas atividades, há movimento de algum tipo, o que implica que há também fluxo de tempo. Então, se o tempo fosse interrompido, qual seria o sentido do espaço? Será que a luz ainda conseguiria se movimentar se o tempo parasse? A resposta é que, se o tempo parasse, a luz também ficaria estática, como aparece quando é captada numa foto.

Para que o espaço cumpra seu papel original como uma área na qual a luz desempenha suas atividades, ele precisa abrigar o tempo. Em outras palavras, o espaço não pode existir sem o tempo. Não é possível separar tempo de espaço; é o tempo que permite ao espaço existir como espaço. A condição para que a luz desempenhe suas atividades é que o campo, no qual a luz está localizada, continue existindo.

Você não deve pensar na luz como sendo um mero raio ou feixe. A luz pode ser decomposta em partículas, e a menor delas é chamada de *fóton*. Os fótons combinam-se para formar pequenas partículas, e são elas que basicamente compõem todas as criações físicas, entre as quais o corpo humano. Portanto, todas as coisas materiais são feitas de luz. Quando a luz se solidifica e assume uma forma, torna-se um objeto material. Por outro lado, a luz, quando não solidificada, existe como espírito, ou como energia espiritual, no espaço da quarta dimensão e acima dele. Isso significa que tudo neste mundo – nesta terceira dimensão, assim como na quarta e acima – é criado a partir de luz; na verdade, tudo *é* luz.

Como tudo é feito de luz e como o espaço é um campo onde a luz desempenha suas atividades, isso quer dizer que, se não houvesse lugar para a luz desempenhar suas atividades, não haveria espaço. Disso concluímos que podemos ver a "luz" e "a atividade da luz" como os dois elementos que compõem o espaço multidimensional da terceira dimensão e além dela. Isto é, se não existisse o tempo, que é o que permite à luz desempenhar suas atividades, não haveria espaço, nem objetos materiais, nem espíritos – não haveria nada. Haveria apenas algo como uma miragem flutuante, sem nenhum espaço onde a luz pudesse ser ativa. O espaço existe para que a luz possa desempenhar suas atividades nele; portanto, precisamos compreender o tempo como um fator crucial que permite ao espaço existir.

À medida que refletimos sobre isso, compreendemos que os mundos que Buda criou, isto é, o mundo da terceira, quarta, quinta, sexta, sétima e oitava dimensões, são compostos por espaço que contém tempo e por luz que se move dentro desse espaço. Assim, os elementos com os quais Buda criou os mundos são: luz, espaço e tempo. Buda criou os mundos com esses três elementos: *luz*, que pode transformar-se para se tornar os corpos materiais e espirituais das várias dimensões; *espaço*, necessário para que a luz exista como luz e seja ativa; e o fluxo do *tempo*, também necessário para que a luz desempenhe suas atividades – ou seja, para tornar possível que a luz flua como luz e chegue a algum lugar, é preciso haver um fluxo de tempo. Portanto, luz, espaço e tempo são os três elementos com os quais Buda criou os céus e a Terra. Isso é o que devemos saber.

5
Diretrizes para a humanidade

Quando você compreende a verdadeira natureza do mundo em que a humanidade vive, obtém as respostas a questões como: por que a humanidade tem permissão para viver na Terra? O que mantém a vida humana? Como os humanos devem viver? e Qual é o propósito da vida? Compreender o quadro completo do mundo que Buda criou e sua verdadeira natureza levará você a descobrir as diretrizes segundo as quais os seres humanos devem viver.

Quais são as diretrizes que os seres humanos devem seguir para viver sua vida? Você descobrirá quais são ao adquirir consciência de que a humanidade tem a permissão de viver num mundo que Buda criou com luz, espaço e tempo, e ao perceber a intenção de Buda ao criar este mundo.

Que tipo de mundo Buda pretendeu criar usando os três elementos de luz, espaço e tempo? Vamos imaginar o espaço como uma caixa de vidro transparente. Quando a luz brilha a partir de um canto da caixa, ela se move dentro dela e é refletida pelas paredes. A luz é rebatida de uma parede a outra, depois para a próxima, e assim por diante; a luz viaja continuamente pelo interior da caixa. Aprisionada dentro da caixa, a luz se move de todas as formas e cria todo tipo de cenários — como se fosse uma obra de arte feita de luz. Quando examinamos a história do universo e da humanidade como se fossem essa caixa de vidro, percebemos que a luz não tem permissão de existir por mero acaso, que ela segue um curso dotado de propósito. Em outras palavras, a luz emitida pelo Buda Primordial governa a evolução do universo e da humanidade. Não foi emitida de forma aleatória, e sim com objetivos muito claros.

Os objetivos da luz de Buda para desempenhar suas atividades podem ser, em termos gerais, resumidos em dois pontos.

O primeiro objetivo é a evolução. Quando examinamos o universo, a Terra, a história da Terra e a história da humanidade, descobrimos que o grande propósito ou objetivo é a evolução. Este é um fato inegável. A humanidade está buscando algo de um nível mais elevado, por esse motivo é que ela tem permissão de viver, e é justamente por isso que há valor no fato de os humanos continuarem vivendo. Se a humanidade vivesse apenas para se encaminhar para a degeneração, teríamos de questionar o propósito de sua existência.

Afinal, por que razão a humanidade deveria existir se o sentido dela fosse degenerar-se? Ao trabalhar com argila, por exemplo, sentimos um grande prazer em criar um objeto a partir de algo que não tem forma alguma.

Mas, se animais como elefantes, macacos ou humanos fossem feitos de argila e vivessem apenas para voltar a ser blocos de argila, a vida desses seres seria completamente sem sentido. A essência da evolução é transformar-se de algo *sem* forma em algo *com* forma. Assim, algo sem forma se desenvolve em algo com forma, e depois se desenvolve em algo ainda mais maravilhoso: é uma evolução desse tipo que constitui um dos objetivos da humanidade.

O outro objetivo é alcançar harmonia; criar uma grande harmonia e seguir adiante para criar uma harmonia ainda maior. O que quero dizer com uma grande harmonia?

Vamos imaginar que Buda criou uma montanha de argila num espaço infinitamente vasto. E dessa argila Ele criou o Sol, a Terra, a Lua, depois as plantas, os animais e todo tipo de outras coisas. É maravilhoso partir de algo sem forma e fazer com que evolua para algo com forma. Mas então surgiu a questão: como cada um dos seres que Ele criou poderia coexistir de uma maneira ordenada e bela?

Há várias questões, como a proporção de plantas e animais em relação aos seres humanos; a questão do posicionamento apropriado do Sol, da Terra, da Lua, o equilíbrio com relação a outros planetas e espaços cósmicos; e a proporção correta entre dia e noite, terra e mar, calor e frio. A harmonia entre todas essas coisas seria o outro problema que Buda deveria considerar.

Assim, podemos dizer que a história da humanidade se desdobra em dois objetivos principais: o progresso e a harmonia, ou a evolução e a harmonia.

6
O que são as Leis?

Afirmei que as diretrizes para a humanidade resumem-se a evolução e harmonia. Quais são, então, as Leis que as pessoas procuram e exploram? O que é a Verdade? Quais são as Leis, quais são os ensinamentos sistemáticos da Verdade e que papel eles cumprem?

As Leis são as regras que governam o universo e os ensinamentos sistemáticos da Verdade. Elas contêm os dois elementos de evolução e harmonia a que me referi, que são os objetivos das Leis.

As Leis com certeza contêm o elemento da evolução, que ajuda todo indivíduo a se aprimorar. Nunca houve Leis da Verdade ou Verdade Búdica que não guiassem os humanos em direção a um aperfeiçoamento, e Leis que não cumpram esse requisito tampouco terão permissão de existir no futuro. Os princípios de progresso e evolução são inerentes às Leis. Portanto, as Leis devem incluir ensinamentos que atuem para melhorar a maturidade e a iluminação de indivíduos e aprimorar todas as pessoas.

Embora seja bom que cada indivíduo progrida, às vezes a liberdade que as pessoas exercem causa conflitos entre elas. Por isso, também precisamos de Leis que ajudem a melhorar nossas comunidades, compostas por indivíduos.

Digamos que um homem quer se tornar o CEO da empresa para a qual trabalha, mas que ele não é o único que anseia conseguir esse cargo. Suponha que haja duas outras pessoas com o mesmo desejo. Não é possível os três se tornarem CEOs ao mesmo tempo; desse modo, os membros da diretoria terão de avaliar qual deles é o mais adequado para o cargo. Vão examinar qual dos três tem mais qualidades de liderança e capacidade de comandar as centenas ou milhares de funcionários da empresa como CEO. Se apenas um deles possuir essas qualidades, o conselho diretor irá nomeá-lo como o próximo CEO e descartará os outros dois. Isto é, o princípio da coordenação terá entrado em jogo. Se todos os três candidatos se mostrarem aptos ao cargo, o conselho precisará coordenar e decidir em que ordem os três poderão ocupar aquele cargo, definindo-os como o Senhor A, Senhor B e Senhor C.

Como vimos na situação acima, precisamos de um conjunto de regras ou princípios que coordenem o autoaprimoramento e o progresso de cada indivíduo em benefício do todo. É por esse motivo que têm surgido vários líderes religiosos, moralistas e filósofos ensinando leis baseadas nos princípios de coordenação e harmonia. Por exemplo, Confúcio, que viveu na China e ensinou o confucionismo, apresentou o sistema da senioridade como princípio de coordenação. Ensinou que se deve dar precedência às pessoas mais velhas e que os mais jovens devem respeitar os mais velhos. Isso significa que, se os três candidatos do nosso exemplo fossem equivalentes quanto às aptidões, assumiriam o cargo de CEO segundo o critério da idade.

Até certo ponto, essa ideia existe ainda hoje em alguns países. Embora a idade da pessoa não garanta que ela tenha maior maturidade de alma, supõe-se que alguém com mais experiência terá mais sabedoria em comparação com os mais jovens, além de aptidões parecidas. O sistema da senioridade é baseado nesse tipo de suposição.

Claro, há necessidade também de outras perspectivas. Por exemplo, o sistema de mérito. Por esse sistema, você precisa passar por avaliações ou ter suas realizações passadas comparadas com as de outras pessoas, e quem tiver os melhores resultados será escolhido. Portanto, a meritocracia é outro recurso de aferição ou medida. Também há a ideia do utilitarismo, como foi proposta por Jeremy Bentham. Ele defende "a maior felicidade para o maior número de pessoas" ou que se faça a escolha que traga benefício à maioria. O utilitarismo, portanto, é outro caminho possível. John Stuart Mill foi um dos apoiadores dessa ideia.

No final, o progresso que os indivíduos alcançam deve reverter em prol da sociedade, para que todos possam progredir. É por essa razão que precisamos do princípio da coordenação. Ele é a Lei que abrange as filosofias tanto do Pequeno Veículo (Teravada) quanto do Grande Veículo (Maaiana) do budismo. Ou seja, o princípio do progresso é essencial para que um indivíduo alcance a iluminação (Teravada), enquanto o princípio da coordenação é essencial para criar o Reino Búdico neste mundo (Maaiana). Os alicerces dessas Leis são os dois grandes princípios – progresso e harmonia. Só quando os dois estão bem equilibrados é que a felicidade de toda a humanidade se torna possível.

7
O que é misericórdia?

Permita-me agora falar sobre as Leis e a misericórdia. Os ensinamentos da Happy Science baseiam-se no princípio do progresso dos indivíduos e no princípio da harmonia para a sociedade como um todo. Com base nesses dois princípios, eu ensino que a natureza inata dos humanos leva-os a buscar e perseguir a felicidade, e que essa felicidade que os humanos buscam compreende tanto a felicidade particular quanto a coletiva. Buscar a felicidade particular significa buscar a felicidade enquanto indivíduo. E buscar a felicidade coletiva significa expandir a utopia particular que uma pessoa alcança em sua busca da felicidade como indivíduo e levá-la a toda a sociedade, ao mundo e à humanidade. Isso permitirá a realização de uma utopia coletiva. A Happy Science baseia suas atividades nesses princípios.

Mas surge também a questão: por que buscar e perseguir esses dois tipos de felicidade – a particular e a coletiva? Precisamos ver se existe um princípio guia por trás delas.

Como afirmei, faz parte da natureza inata do ser humano buscar a felicidade. Esta é uma natureza que Buda concedeu aos humanos, fruto da Sua Misericórdia. É um propósito de vida que Buda deu aos humanos. Se o propósito concedido fosse tornar os humanos infelizes, o mundo seria um lugar terrível. No entanto, Buda incutiu em nossa alma o desejo de buscar a felicidade. É por isso que os humanos naturalmente se esforçam para ser o mais felizes possível. Portanto, devemos compreender que essa natureza de buscar a felicidade está gravada em nossa alma, e a alma é nossa entidade real e o que nos torna humanos.

A razão fundamental de os humanos buscarem naturalmente a felicidade é que somos filhos da Luz que se ramificou do Buda Primordial. O fato de os humanos serem filhos da Luz, ou filhos de Buda, significa que têm a mesma natureza búdica.

E qual é a natureza de Buda? Buda propõe um maior senso de felicidade, gerada tanto pelo progresso quanto pela harmonia, porque Ele Próprio é a energia da felicidade. Buda supervisiona, governa e prevalece sobre o Grande Universo, sendo essa energia. Assim, podemos concluir que a razão de Buda existir como Buda e o verdadeiro propósito de Sua existência estão na felicidade; este é o fundamento de Buda.

Mas o que é, então, a felicidade para Buda? Quando Buda se sente feliz? Buda encontra felicidade quando todas as Suas criações se desenvolvem e prosperam, ao mesmo tempo em que alcançam grande harmonia. É justamente neste processo de nascimento, crescimento, desenvolvimento e prosperidade que Buda encontra sua alegria. Se Buda fosse uma existência inativa, não haveria alegria. Mas quando Buda realiza Suas atividades como Buda, tendo como meta trazer desenvolvimento e prosperidade a todos e alcançar a harmonia durante esse processo, Ele obtém uma experiência magnífica e bela, acompanhada de intensa alegria. Por meio dessa experiência, Buda também se transforma, expande-se e se desenvolve, para se tornar uma existência ainda maior. Buda criou os humanos de modo que persigam instintivamente a felicidade e possam viver felizes. Isso, por si, mostra a natureza de Buda, a Sua Misericórdia.

8
As funções de um *tathagata*

Nesta seção, vamos examinar as funções de um *tathagata*, isto é, o papel e o trabalho que desempenham. Em *As Leis do Sol*, descrevi que Buda criou todas as almas humanas igualmente; além disso, Ele não só vê os humanos de um ponto de vista igualitário, mas também do ponto de vista da imparcialidade, a fim de avaliá-los de acordo com o trabalho que realizam. Imparcialidade implica que aqueles que guiam muitas pessoas recebem um cargo, um papel e um poder adequados a isso. A condição de *tathagata* – uma posição mais elevada que a dos outros – apoia-se nesse princípio da imparcialidade.

Todas as almas começam iguais, uma vez que são ramificações de Buda, isto é, filhos de Buda. Ao longo de suas várias reencarnações, porém, algumas dessas almas adquirem maior sabedoria. Então, elas são colocadas em posições adequadas, para que possam buscar uma autorrealização ainda maior. Essa é a intenção de Buda.

Quando pensamos nas funções dos *tathagatas* por esse ponto de vista, podemos dizer que eles são, em essência, representantes de Buda. Ele não é um ser como os humanos, que têm mãos e pés e podem ser vistos circulando por este mundo. Buda é o Ser que criou o Grande

Universo, que é um vasto espaço multidimensional; desse modo, é impossível para os humanos vê-Lo ou tocá-Lo. É por isso que existem os *tathagatas*, grandes seres que permitem às pessoas sentirem a presença de Buda. Em outras palavras, os *tathagatas* existem para transmitir às pessoas uma sensação do Próprio Buda. É por essa razão fundamental que os *tathagatas* personificam o amor encarnado.

Os *tathagatas* são seres que "provêm da Verdade", são a personificação da Verdade Absoluta. Isso significa que sua própria presença é amor para os seres humanos. Podemos defini-los como aqueles que se esforçam de maneira incessante para despertar os humanos, iluminá-los e convidá-los a entrar num estado de felicidade. Portanto, os *tathagatas* são a própria Luz e a personificação de Buda.

Para os humanos, é impossível ver, compreender ou ter uma ideia do Próprio Buda, mas eles podem pelo menos imaginar como Buda é tendo como referência a presença dos *tathagatas*. Eles existem como modelos para os humanos, para que estes possam imaginar Buda e o quanto Ele é misericordioso. Embora não consigam ver Buda diretamente, os humanos, ao observarem os *tathagatas*, vão aos poucos conseguindo sentir Sua Grande Misericórdia e sua Magnificência. Afinal, os *tathagatas* existem para o propósito de educar os outros. Sua própria existência, por si e pelo que ela expressa, tem a função de educar muitas pessoas – na verdade, todas as pessoas.

9
Falando a respeito de Buda

Em última instância, o papel de um *tathagata* é falar a respeito do que Buda é. Os *tathagatas* são representantes de Buda, seus porta-vozes, e têm permissão para falar sobre Buda. As pessoas comuns não têm autoridade para tanto, é claro, mas os *tathagatas*, que são mais próximos d'Ele que as pessoas comuns, têm essa permissão. Seres da oitava dimensão têm permissão para falar sobre Buda como grandes espíritos guias de luz que são.

Porém, mesmo os *tathagatas* da oitava dimensão não têm permissão total para falar a respeito de Buda. Isso porque a natureza e a existência de Buda são tão vastas e ilimitadas que é impossível a uma única alma humana transmitir tudo isso. Por essa razão, no Reino dos *Tathagatas* da oitava dimensão há vários *tathagatas* atuando como líderes, cada um representando uma das cores da luz espiritual do Prisma de Buda.

Os *tathagatas* sob a luz amarela, ou luz dourada, cujo líder supremo é Sidarta Gautama, descrevem Buda concentrando-se sobretudo nos aspectos de iluminação, Leis e misericórdia. Os *tathagatas* sob a luz do amor, ou luz branca, governada por Jesus Cristo, falam de Buda do ponto de vista do amor. Os *tathagatas* sob a luz vermelha, governada por Moisés, procuram revelar às pessoas o que Buda é por meio dos milagres que Buda é capaz de operar.

Há ainda outras cores de luz. A luz verde, representada pelas filosofias do taoismo, oferece ensinamentos sobre a harmonia da Grande Natureza. Os *tathagatas* que recebem a luz verde ensinam que Buda existe na harmonia da natureza, onde tudo está em seu estado natural. Fazem isso referindo-se à Grande Natureza e à sua grande harmonia. Zeus cuida das atividades artísticas, e os *tathagatas* que são ativos como artistas transmitem às pessoas o que Buda é por meio da luz espiritual da arte. Aqueles que estão sob o feixe da luz violeta, governada por Confúcio, ensinam obediência, ordem e lealdade; por meio dessas qualidades, eles mostram como os sentimentos de obediência e respeito são necessários no caminho para Buda. Com isso, dão às pessoas um vislumbre sobre o que Buda é.

Em essência, os *tathagatas* falam sobre Buda do ponto de vista da luz espiritual à qual pertencem. Essa é a maneira correta de compreender os ensinamentos dos *tathagatas*. A humanidade, no entanto, não sabe que há várias cores de luz com características diferentes, ou que cada *tathagata* ensina as Leis da perspectiva de seu próprio feixe de luz espiritual. Assim, por um longo tempo os humanos vêm se envolvendo em conflitos e guerras religiosas. As pessoas entram em confronto depois de rotularem as outras de heréticas, por terem papéis diferentes ou acreditarem em outras descrições de Buda ou de Deus. Veem as outras religiões como maléficas e equivocadas. Mas o que os humanos precisam fazer agora é olhar para o trabalho dos diversos *tathagatas* que recebem influência de diferentes luzes espirituais e tentar conhecer a verdade sobre Buda.

10
O caminho para a perfeição

Agora, talvez você queira saber: "Os espíritos do Reino dos *Tathagatas* da oitava dimensão já concluíram totalmente seu treinamento de alma? Não têm mais como avançar no treinamento espiritual?". Vamos analisar este ponto.

A verdade é que mesmo os *tathagatas* que nascem na Terra com um corpo físico ainda estão em treinamento espiritual como seres humanos. Os espíritos da oitava dimensão são especialistas, grandes seres que são personificações das diferentes cores de luz espiritual. Mas, ao virem do outro mundo para reencarnar no nosso, o que ocorre a intervalos de centenas ou de milhares de anos, têm a oportunidade de ver e ouvir coisas e de viver vários tipos de experiência. Assim, em sua vida na Terra, também aprendem coisas diferentes daquilo que julgam ser mais importante, e se familiarizam com ensinamentos que pertencem a outras cores da luz espiritual, diferentes da sua. Nesse sentido, podemos dizer que mesmo os *tathagatas* ainda estão em treinamento espiritual rumo à iluminação. Por outro lado, é inegável que estão bem mais próximos da perfeição que as demais almas.

Então, qual é o caminho para a perfeição que os *tathagatas* percorrem ao passar por esse treinamento da alma? A resposta é que, por meio de sua disciplina espiritual, dedicam-se a ganhar um ponto de vista mais amplo e integrado; em outras palavras, obtêm uma perspectiva totalmente abrangente dos seres humanos, dos ensinamentos e da história da Terra e da humanidade. Em resumo, o propósito de seu treinamento espiritual é ganhar um nível ainda mais elevado de consciência e discernimento. Podemos dizer que também os *tathagatas* realizam um treinamento espiritual para aprimorar seu nível de consciência e discernimento.

Buda estabeleceu como regra que a humanidade passe pelo ciclo de reencarnações, para que os humanos possam evoluir e progredir. Nenhum espírito está isento dessa regra. Mas costuma-se dizer que os *tathagatas* emanciparam-se da exigência de reencarnar ou então que a condição de *tathagata* os libera do ciclo de reencarnações. Portanto, permita-me explicar o sentido dessas noções.

A verdade é que mesmo os *tathagatas* não podem progredir sem reencarnar por milhares, dezenas de milhares ou centenas de milhares de anos. Eles reencarnam na Terra, mas escolhem fazê-lo por vontade própria, e traçam um plano para reencarnar em diferentes épocas. Em contrapartida, aqueles do Reino dos *Bodhisattvas* e abaixo dele são enviados para viver na Terra porque isso constitui um requisito. São solicitados a nascer em determinada era porque é algo que faz parte de sua educação obrigatória. Digamos que os *tathagatas* são almas que já concluíram sua educação obrigatória, mas se querem prosseguir em seus estudos, podem fazê-lo, já que este é seu desejo – da mesma maneira que algumas pessoas na sociedade continuam aprendendo mesmo depois de adultos.

Depois de concluir sua educação obrigatória, os *tathagatas* continuam aprendendo por vontade própria, e com uma meta ainda mais elevada. Além disso, têm a liberdade de escolher o que querem aprender. O propósito dessa aprendizagem é ganhar maior nível de consciência e discernimento, pois isso lhes permitirá ver as coisas por uma perspectiva mais abrangente e universal. Portanto, podemos dizer que os *tathagatas* são espíritos que se submetem a uma grande disciplina espiritual para esse propósito e estão trilhando o caminho que leva à perfeição.

CAPÍTULO SEIS

O mundo da nona dimensão

1
O outro lado do véu

Nos Capítulos de Um a Cinco, descrevi a estrutura dos mundos, da quarta dimensão até a oitava, assim como as regras que governam esses mundos. Acredito que não houve muitos documentos ao longo da história sobre este assunto que tenham revelado tantos detalhes como acabei de fazer nesses capítulos.

Agora, gostaria de avançar neste livro e explorar e analisar o mundo da nona dimensão. Para os filósofos e líderes religiosos, ao longo das eras, a nona dimensão sempre foi um mundo situado do outro lado do véu. Em outras palavras, pretendo descrever este reino que tem permanecido um mistério e se manteve desconhecido até hoje, e fazer isso de uma maneira que possa ser compreendida pelos seres humanos.

O mundo da nona dimensão, que permanece oculto atrás do véu, é o que podemos chamar de Mundo dos Salvadores. Os espíritos deste reino são salvadores ou messias que descem à Terra a intervalos de milhares de anos, ou até com menor frequência.

Na Terra, vão surgindo diferentes civilizações ao longo das várias eras. Assim, em determinada era, haverá na Terra seres da nona dimensão nascidos aqui, enquanto em outras pode não haver nenhum. Ou seja, alguns deles nascerão a cada 2 mil ou 3 mil anos em determinada era, e outros simplesmente não virão. Em termos simples, os espíritos da nona dimensão decidem qual grupo atuará e o papel que cada um desempenhará em uma era. Isso produz as características próprias de cada civilização ou era.

Os salvadores mais famosos que apareceram na atual civilização são Sidarta Gautama (Buda Shakyamuni), Jesus Cristo e Moisés. Confúcio, que nasceu na China, não costuma ser mencionado como salvador, mas também é habitante da nona dimensão, o Mundo dos Salvadores. O traço comum dessas figuras é que elas estabeleceram os princípios das civilizações para a humanidade.

2
Um mundo místico

A nona dimensão é um reino muito místico. Eu não saberia generalizar de que modo as pessoas na Terra costumam imaginar o outro mundo. Mas posso dizer que, em essência, os espíritos da nona dimensão tornaram-se existências quase não humanas. Isso é um fato.

Os habitantes do Reino Póstumo da quarta dimensão vivem praticamente da mesma maneira que viviam quando tinham um corpo físico, embora sejam agora entidades espirituais. Os espíritos no Reino dos Bondosos da quinta dimensão preservam os sentidos que usavam como seres humanos. Muitos deles assumem ocupações que são encontradas na Terra.

Por exemplo, alguns atuam como carpinteiros, professores, balconistas de lojas, fabricantes de máquinas e assim por diante. Outros também se engajam em trabalhos agrícolas. Ou seja, na quinta dimensão, ainda podemos ver diversas profissões terrenas, e são numerosos os espíritos que se ocupam delas. Portanto, a quinta dimensão é um mundo que você consegue entender usando seus sentidos humanos.

No Reino da Luz da sexta dimensão, os habitantes têm um nível de consciência mais elevado. Eles brilham com tal intensidade que levariam você a acreditar que são seres divinos. Mesmo assim, ainda assumem uma forma humana, isto é, têm mãos e pés em sua vida cotidiana. De vez em quando, porém, lembram que na realidade são uma consciência e agem de acordo com isso. Por exemplo, os espíritos do Reino da Luz da sexta dimensão são capazes de voar para onde desejem ir. Os espíritos ligados a um histórico ocidental podem fazer isso assumindo a forma de anjos, com asas nas costas. Outros espíritos adotam uma abordagem oriental e viajam sobre nuvens, como fazia o Rei Macaco (Sun Wukong) ao se deslocar em sua nuvem mágica no romance chinês *Jornada ao Oeste*. São capazes dessas coisas. Portanto, os espíritos da sexta dimensão percebem as coisas de maneira um pouco diferente dos humanos na Terra, com seus cinco sentidos.

E quanto ao Reino dos *Bodhisattvas* da sétima dimensão? Os *bodhisattvas* ainda se submetem a muita disciplina espiritual em forma humana, mas grande parte de seu trabalho consiste em educar e guiar outros espíritos ainda em desenvolvimento. Desse modo, a maioria não vive apenas na paz e conforto no Reino dos *Bodhisattvas* da sétima dimensão; visitam a sexta, quinta e quarta dimensões para fazer todo tipo de trabalho e, como espíritos guias, orientam as pessoas no mundo terreno para torná-lo um lugar melhor.

Esses espíritos da sétima dimensão estão mais envolvidos numa ampla gama de atividades, e nesse sentido seu estilo de vida não é mais o mesmo dos humanos. Eles têm um grau mais elevado de consciência e de reconhecimento de si. Apesar disso, mesmo na sétima dimensão, quando os *bodhisattvas* querem ter uma visão mais objetiva de si, tentam relembrar da forma humana que possuíam ao viver na Terra, com cabeça, mãos e pés, e entendem quem são por meio disso.

Já no Reino dos *Tathagatas* da oitava dimensão, as coisas são um pouco diferentes. Os *tathagatas* da oitava dimensão também vêm ao mundo terreno de tempos em tempos para guiar líderes religiosos como seus espíritos guias e, para isso, aparecem na forma de existências divinas, como deuses.

Isso não significa, porém, que no outro mundo eles mantenham essa forma. No estágio em que estão, não precisam mais assumir uma forma humana. Quando os *tathagatas* conversam entre si e trocam ideias, podem assumir uma aparência humana para que fique mais fácil se reconhecerem, mas normalmente não é assim. Na maior parte do tempo, não assumem uma forma humana. Na realidade, podem se dividir à vontade em mais de uma entidade ou se transformar em alguma outra coisa.

Os *tathagatas* têm a capacidade de usar partes de sua própria consciência para fazê-las realizar várias coisas. Em

Jornada ao Oeste, quando o Rei Macaco arranca um fio de seu pelo e o assopra, transforma-o num elefante ou em clones de si mesmo. A oitava dimensão funciona desse modo; usando diferentes partes de sua consciência, seus habitantes podem desempenhar muitas atividades. Podem se dividir em diversos seres de luz, todos com o mesmo propósito.

Assim são as coisas até a oitava dimensão. A nona dimensão, no entanto, é um reino bem mais místico e difícil de entender com base nas teorias e sentidos deste mundo terreno. Afirmei que há dez espíritos residindo na nona dimensão, mas isso não significa que haja dez espíritos humanos. A maneira mais adequada de descrever essas existências é como se fossem dez gigantescos pilares de luz, cada um com características próprias. Quando se comunicam comigo no mundo terreno, eles assumem uma aparência humana, com a personalidade que costumavam ter quando vivos neste mundo, mas essa não é sua forma habitual.

É muito difícil descrever essas existências, mas vou tentar fazer isso recorrendo à eletricidade como metáfora. Digamos que haja dez baterias na nona dimensão, cada uma com características peculiares. Cada bateria tem um fio ligado aos seus terminais positivo e negativo, com pequenas lâmpadas acopladas. Quando uma corrente elétrica passa pelo fio, as lâmpadas se acendem.

Cada uma dessas lâmpadas tem um nome diferente, por exemplo, Ra Mu, Rient Arl Croud, Hermes ou Sidarta Gautama. São várias lâmpadas, mas todas conectadas à mesma bateria. Uma corrente elétrica passa pelo fio, e, quando necessário, as lâmpadas se acendem para expressar seu caráter único.

3
A verdade sobre os espíritos da nona dimensão

Então, qual é a verdadeira natureza dos "deuses" que residem na nona dimensão? Talvez você os imagine sentados num amplo trono, no interior de um palácio, vestindo uma longa túnica branca e uma coroa, como são representados em contos tradicionais, mas não é assim. Os seres da nona dimensão são ondas eletromagnéticas, corpos de energia ou consciências, e essa é a forma que assumem quando realizam seu trabalho. Quando uma parte de sua consciência está ativa, como se fosse uma lâmpada que acendeu, as pessoas a reconhecem por sua figura e luz característica.

Considere, por exemplo, Jesus Cristo. Ele é um ser da nona dimensão, mas isso não quer dizer que viva na nona dimensão com a aparência de Jesus, pregado na cruz, com um corpo esguio, barba e cabelos compridos. Ele existe como um concentrado de luz com as características de Jesus. E, sempre que necessário, essa luz guia as pessoas na Terra e os espíritos da oitava dimensão e os das dimensões abaixo dela. Quando Jesus aparece diante dos *tathagatas* da oitava dimensão ou dos *bodhisattvas* da sétima dimensão para guiá-los, assume a forma que tinha no mundo terreno, pois isso facilita ser reconhecido por eles. Mesmo assim, apenas os espíritos da oitava, sétima e talvez da sexta dimensão conseguem vê-lo. Para os de dimensões mais baixas, ele se apresenta apenas como um concentrado de luz; é brilhante demais para que consigam vê-lo, mesmo que apareça em sua forma humana. Por isso, os habitantes de dimensões mais baixas não sabem como é sua aparência.

Isso ocorre porque existe uma grande diferença na quantidade de luz emitida por Jesus em comparação com a luz dos espíritos de dimensões menos elevadas. Falei bastante sobre as diferenças existentes entre as dimensões do outro mundo, mas, em essência, a diferença está na quantidade de luz que as consciências de cada dimensão emitem. Luz, neste caso, não significa apenas a luz como a conhecemos, mas uma luz com certas características. Há feixes de luz de diferentes cores – feixes de luz amarela, branca, vermelha, verde, entre outras. Essa é a realidade da luz. Eu uso palavras como amarelo, branco, vermelho e verde para que as pessoas no mundo terreno entendam mais facilmente. Na realidade, porém, coisas como cores de luz nem sequer existem.

De fato, nem mesmo no mundo terreno existe algo como uma cor. Um objeto que aparenta ser da cor azul na verdade está apenas refletindo a luz azul dentro do espectro solar. Um objeto que absorva toda a luz solar aparecerá preto, enquanto um objeto que reflita todas as cores aparecerá branco; se refletir apenas a luz amarela aparecerá amarelo. Portanto, os objetos basicamente não têm cor; o que ocorre apenas é que as partículas que compõem o objeto refletem uma certa cor de luz no espectro do sol, e com isso fazem com que apareça colorido. Você pode entender melhor que a cor essencialmente não existe quando apagamos as luzes; sem luz, não há cor. Se as cores de fato existissem, elas brilhariam no escuro, mas um objeto, não importa se é visto como vermelho, branco ou amarelo, não tem cor no escuro. Desse modo, aquilo que julgamos como cores são na verdade apenas reflexos de certos comprimentos de onda da luz. Por isso, não existe cor quando a luz está ausente. Os objetos não têm cor; temos a impressão de que as cores existem porque certos comprimentos de onda da luz estão sendo refletidos.

4
A essência da religião

Nesta seção, vamos considerar a essência da religião. Em minha descrição da oitava dimensão, afirmei que a luz de Buda se divide em um espectro, como se atravessasse um prisma, e que os ensinamentos transmitidos assumem as características de cada tipo de luz. E expliquei que aquilo que os *tathagatas* ensinam como suas ideias a respeito de Buda (ou Deus) tornam-se a fonte de cada religião.

Mas por que é necessário haver diferentes ensinamentos? Algumas pessoas podem pensar: "Seria melhor se tivéssemos apenas uma única ideia para representar os ensinamentos de Buda. Todos os líderes religiosos ensinariam a mesma coisa, com base nessa ideia. Então, não haveria confusão nem conflitos religiosos, e não seria difícil escolher em que religião acreditar".

No entanto, considero essa maneira de pensar perigosa e de certa forma errada. Sim, porque a questão é: "Será que os humanos ficariam satisfeitos com uma religião do tipo 'um tamanho único serve para todos'?". Com os carros, por exemplo, vemos as pessoas dirigindo veículos de todo tipo. Há muitas marcas de automóveis e uma grande variedade de cores – branco, vermelho, amarelo e azul. Os tamanhos dos carros também variam

– grande, médio e pequeno. Há ainda diferenças no consumo de combustível e no preço, e pode-se optar por um carro novo ou usado. Cada pessoa escolhe o veículo que julga mais adequado a suas necessidades ou às de sua família.

E por que existe tamanha variedade de modelos? É porque os veículos não são apenas um meio de transporte de pessoas ou de mercadorias. Se fossem só um equipamento para levar as pessoas de um lugar a outro, não haveria problema se todos fossem iguais. Mas os carros devem desempenhar outro papel.

E qual é esse papel? A resposta é que eles simbolizam muitas coisas. Por exemplo, um carro demonstra o *status* financeiro ou social do seu proprietário. Também indica suas preferências, revelando se é alguém prático ou alguém que vê o carro como símbolo de *status*. Podemos conhecer vários aspectos de uma pessoa pelo carro que ela tem. Além disso, há carros que exercem maior apelo a homens que a mulheres, e vice-versa. A velocidade também pode ser um fator na escolha. Algumas pessoas preferem carros mais lentos, outras se inclinam para modelos que pilotos profissionais gostam de guiar. O *design* também importa; alguns preferem carros de duas portas, outros de quatro ou cinco portas. Portanto, se alguém lhe perguntasse qual é o melhor carro, você não seria capaz de indicar um que fosse adequado a todas as pessoas.

De modo semelhante, existem hoje também muitos grupos religiosos no mundo. Tentar definir qual é o mais correto é o mesmo que perguntar qual é o melhor carro. Claro, podemos dizer que, em geral, quanto mais caro o veículo, melhor ele é, ou que certos carros são mais luxuosos que outros. Mas isso não significa necessariamente que todo mundo deveria andar em determinado modelo de carro. As preferências variam de uma pessoa para outra.

No budismo, há os termos *teravada* (ou Pequeno Veículo) e *maaiana* (ou Grande Veículo). Teravada é como um carro pequeno, que transporta apenas uma pessoa, enquanto maaiana é como um carro maior, que serve para transportar várias pessoas. Portanto, na religião também temos "carros pequenos" e "carros grandes", e a diferença está no número de pessoas que podem transportar.

Por exemplo, ninguém vai querer um ônibus como seu carro particular, pois, embora seja capaz de levar muitas pessoas, não é adequado ao uso individual. Portanto, do mesmo modo que há veículos de vários tamanhos, também há diferentes tipos de ensinamento religioso, como teravada e maaiana, para atender aos gostos das pessoas e aos diferentes climas e ambientes em que vivem.

Por exemplo, nas regiões desérticas do Oriente, onde predominavam conflito e destruição, Deus precisou aparecer como o "Deus do Julgamento", para ensinar às pessoas as noções de justiça. Já nas regiões temperadas do Oriente, Deus precisou ensinar harmonia. Às vezes, a fim de criar uma civilização moderna e racional, como a atual civilização ocidental, os ensinamentos sobre Deus foram oferecidos na forma de filosofia. Seja qual for a forma assumida pelos ensinamentos de Deus, o objetivo é sempre o mesmo – transportar pessoas do ponto A para o ponto B. Vários "veículos" estão aptos a transportar os humanos de um ponto a outro, e as pessoas podem encontrar alegria e sentido na vida ao "viajarem" neles. Isso é o que foi planejado para os humanos.

5
As sete cores do Prisma de Luz

Dizem que a luz de Buda é composta pelas sete cores, e é verdade. Na nona dimensão, a luz de Buda divide-se nas sete cores, e estas depois dividem-se em mais de dez ou vinte cores diferentes pelos *tathagatas* da oitava dimensão, e são enviadas para as dimensões abaixo.

Agora, darei os nomes dos Grandes *Tathagatas* da nona dimensão encarregados de cada uma das sete cores.

A cor central, o amarelo – ou dourado –, está sob o comando de Sidarta Gautama, também conhecido como Buda Shakyamuni. A luz amarela de Buda é a cor do Darma ou da misericórdia.

A luz branca está sob o comando de Jesus Cristo. A luz branca de Jesus é a cor do amor. O grupo de espíritos que trabalham no campo da medicina usa a luz branca de Jesus. Não tenho certeza se é mera coincidência que médicos e enfermeiras se vistam de branco, mas é como se deixassem implícito que pertencem ao grupo da luz branca.

Moisés é responsável pela luz vermelha. A cor vermelha é a cor dos líderes; ela guia os líderes que governam uma sociedade, como os líderes políticos. Esta luz também é mencionada como luz dos milagres. Quando ocorrem milagres ou fenômenos inexplicáveis, é a luz vermelha que está atuando.

Depois, temos a luz azul. Em termos simples, o azul está associado à filosofia e ideologia, e é controlado não por um espírito, mas por dois. Um deles é Zeus, que viveu na antiga Grécia. Enquanto viveu como Zeus, governou sobretudo a literatura e as artes. A luz espiritual das artes pertence à luz verde, mas parte das artes é governada também pela luz azul. O outro espírito encarregado da luz azul é Manu. Na Índia, é considerado o progenitor da humanidade, e sua filosofia tornou-se a base do "Código de Manu" (ou Manu Smriti), que descreve a conduta diária dos brâmanes. É um espírito da nona dimensão que lida principalmente com questões de ideologia, mas também desempenha de maneira ativa algumas missões especiais que lhe são atribuídas. No presente momento, cuida de assuntos como os problemas raciais e trabalha para integrar diferentes ideologias e crenças entre todas as regiões.

Além dessas cores, há também a luz prateada, que é a luz da ciência e da modernização das civilizações. O *tathagata* da nona dimensão que cuida dessa luz é Isaac Newton. Uma parte da entidade espiritual de Newton nasceu previamente como Arquimedes na antiga Grécia. Newton sempre nasce na Terra como cientista. Como um *tathagata* da nona dimensão, ele está encarregado de uma das cores da luz de Buda e é responsável pelos avanços da ciência na terceira dimensão e acima dela. Cientistas como Thomas Edison e Albert Einstein, no Reino dos *Tathagatas* da oitava dimensão, trabalham sob o feixe de luz de Newton.

Também há a luz verde, que governa em especial a harmonia. O verde é a cor das filosofias do taoismo, e é a cor da Grande Natureza e da harmonia. Os espíritos que estão encarregados dessa cor são Manu, que já mencionei, e Zoroastro (Zaratustra), que apareceu no Oriente Próximo e no Oriente Médio e ensinou o zoroastrismo ou culto do fogo, que se baseia no dualismo entre o bem e o mal. Eles ensinam sobretudo o caminho da Grande Natureza, e a estrutura e harmonia do universo.

Outra cor é a luz violeta, luz de Confúcio, que viveu na China. Ele prega em particular a moralidade e os caminhos acadêmicos de pensamento, além de obediência e ordem. Em outras palavras, Confúcio assume a luz violeta para governar os relacionamentos hierárquicos e manter a ordem. Os deuses do xintoísmo japonês estão também sob a influência dessa luz.

Apresentei os oito Grandes *Tathagatas* que estão encarregados das sete cores da luz de Buda, mas, como já disse, há dez Grandes *Tathagatas* na nona dimensão. Portanto, quais são os outros dois e o que fazem? Preciso falar sobre isso. Um deles é Enlil. Também é conhecido como

Javé nas regiões desérticas do Oriente Médio. Ele tem cumprido seu papel como Deus étnico dos israelitas, mas no Oriente é temido como o chefe dos "deuses da vingança". O outro espírito é Maitreya, cujo papel é trabalhar como coordenador. Ele é responsável por dispersar a luz de Buda em um espectro e está incumbido de ajustar a intensidade de cada luz – em outras palavras, qual luz deve ser intensificada e qual deve ser atenuada.

6
O trabalho do Buda Shakyamuni

O ser central na nona dimensão é a entidade espiritual que nasceu há séculos na Índia como Sidarta Gautama, também conhecido como Buda Shakyamuni. Enquanto viveu como Buda Shakyamuni, teve apenas um quinto do poder de sua integralidade, a grande Consciência de Buda (Consciência El Cantare).

A consciência desse espírito do Buda Shakyamuni pertence à gigantesca entidade espiritual que reside na nona dimensão.

A origem dessa entidade espiritual pode ser rastreada até tempos muito antigos; é o espírito mais antigo no planeta Terra. Uma das razões pelas quais o Buda Shakyamuni teve uma influência tão poderosa sobre a humanidade é que essa entidade espiritual esteve envolvida na longa história da Terra desde sua criação. Apesar de ser o espírito mais antigo, é muito ativo, e tem enviado partes de sua consciência para a Terra muitas e muitas vezes para guiar a humanidade. Essa é a verdade. Também é verdade que ele é o maior responsável pelo Grupo Espiritual Terrestre. Portanto, não é exagero dizer que as características desse espírito compuseram as características das civilizações sobre a Terra.

Como já descrevi em *As Leis do Sol*, partes da entidade espiritual do Buda Shakyamuni apareceram na Terra, por exemplo, como Ra Mu, do Império Mu, Thoth, do Império da Atlântida, Rient Arl Croud, do antigo Império Inca, e Hermes, da antiga Grécia.

O principal trabalho do Buda Shakyamuni é criar as Leis; portanto, se formos procurar as raízes das diversas religiões, filosofias e ideologias ensinadas na Terra, encontraremos em última instância que o Buda Shakyamuni está na fonte de todas elas. Em outras palavras, trata-se das diversas manifestações daquilo que este espírito tem pensado no Mundo Celestial.

Na nona dimensão, a consciência central do Buda Shakyamuni é chamada Consciência El Cantare. Se rastrearmos a origem das Leis, vamos descobrir que elas, em resumo, vêm da Consciência El Cantare. A consciência do Buda Shakyamuni é a grande consciência que representa as Leis que governam toda a humanidade.

7
O trabalho de Jesus Cristo

Vou tratar também do tópico de Jesus Cristo. Ele é muito conhecido; por isso, não há necessidade de explicar quem é. Ele na verdade tem sido ativo desde a criação do Grupo Espiritual Terrestre. O principal trabalho de Jesus está relacionado, é claro, com o amor. O amor tornou-se um ensinamento universal que se difundiu não apenas nos países cristãos, mas em outros. Isso por si só fala da grandeza do poder de Jesus.

Outro nome da consciência da nona dimensão de Jesus é Consciência Agasha. Agasha era o grande espírito guia de luz que nasceu na Terra nos últimos dias da Atlântida. A consciência de Jesus costuma ser chamada de Consciência Agasha.

Às vezes, o próprio Grupo Espiritual Terrestre é nomeado com base nessa consciência e chamado de "Grupo Espiritual Agasha". Uma parte da entidade espiritual de Jesus nasceu como Agasha na Atlântida há cerca de 10 mil anos, e por volta de 7 mil a 8 mil anos atrás ele nasceu como Krishna na Índia. Há 4 mil anos, viveu no Egito com o nome de Clario. Também tem oferecido muita orientação ao mundo terreno a partir do Mundo Celestial, de diversas maneiras.

Como afirmei, o principal trabalho de Jesus está relacionado ao amor. Se imaginarmos que as Leis, que são a função do Buda Shakyamuni, representam o cérebro e o sistema nervoso do corpo humano, e ao mesmo tempo os vasos sanguíneos que correm pelo corpo, então o trabalho de Jesus é bombear o sangue nesses vasos. O Buda Shakyamuni cria a rede de vasos sanguíneos, e Jesus age como o coração, bombeando sangue neles continuamente. Sem um coração, nenhuma parte do corpo funcionaria; do mesmo modo, sem o trabalho de Jesus, os membros do Grupo Espiritual Terrestre brigariam e se odiariam, pegando caminhos separados em vez de atuar em conjunto. Como Jesus assume o papel de coração e bombeia o sangue chamado "amor" para toda a humanidade, as pessoas se conscientizam de que devem amar umas às outras. Jesus é a personificação do grande poder que une as pessoas e as incentiva a se amar. De centenas de milhões de anos atrás até o dia de hoje, Jesus nunca parou de realizar seu trabalho.

Além disso, o trabalho de amor de Jesus também se manifesta como atividades do grupo espiritual da medicina. Esse grupo espiritual, que trabalha orientado por Jesus, é muito poderoso. Na verdade, a população de espíritos que pertence à luz branca, ou à luz do amor, é numerosa, em parte porque Jesus veio à Terra várias vezes no passado para dar os ensinamentos sobre o amor. De fato, há uma grande população de espíritos que praticam seus ensinamentos.

Os sete arcanjos também trabalham subordinados a Jesus. No início, eles acompanharam Enlil – que mencionei há pouco – quando ele trouxe um grande número de seres físicos ao planeta Terra. Mas Jesus é basicamente aquele que usa os sete arcanjos como seus discípulos. Os nomes desses arcanjos são Miguel, Gabriel, Rafael, Raguel, Sariel, Uriel e Fanuel, que substituiu Lúcifer depois que este caiu no Inferno.

Como líder dos arcanjos, Miguel assume o papel de guiar e liderar as pessoas; ele também tem um enorme poder para deter Satã e seus seguidores e evitar que levem adiante suas atividades. Gabriel assume o papel de mensageiro; a ele foram atribuídos papéis específicos em várias culturas e civilizações. Há também Rafael, responsável por assegurar que o amor flua por meio da arte, e Sariel, o líder do grupo espiritual da medicina. É Sariel que atua no ramo da medicina, um dos ensinamentos práticos de Jesus; ele trabalha para curar a doença das pessoas. Nos círculos budistas, Sariel é conhecido como *Tathagata* Bhaisajyaguru ou o *tathagata* da medicina. Em tempos mais recentes, ele também nasceu na Terra como Edgar Cayce. E há ainda Uriel, que está encarregado sobretudo de assuntos políticos.

8
O trabalho de Confúcio

Além das duas entidades da nona dimensão espiritual acima mencionadas, há uma entidade espiritual característica, que nasceu como Confúcio na China. Como eu disse, ele é principalmente o Deus da aprendizagem. Aprendizagem ocorre quando o conhecimento daqueles que têm uma consciência mais elevada é transmitido àqueles com uma consciência menos desenvolvida. Na realidade, a aprendizagem é uma expressão de ordem, e a entidade espiritual de Confúcio, em princípio, ensina ordem. Manter a ordem é uma forma de criar harmonia. Afirmei que os seres humanos passam por um treinamento de alma com base em dois objetivos principais: progresso e harmonia. A ordem é particularmente importante para tornar possível a harmonia.

Existe um relacionamento entre quem governa e quem é governado, ou entre a autoridade e os subordinados. No entanto, Confúcio tem colocado foco em criar uma ordem que esteja de acordo com a Vontade de Buda, na qual aqueles que estão mais perto de Buda fiquem acima daqueles que não estão. Em outras palavras, a principal preocupação de Confúcio é como criar um mundo bem ordenado por meio de estudos acadêmicos ou pelo caminho da virtude; esse foco visa criar um mundo ordenado no qual as pessoas vivam assumindo a Vontade de Buda como sendo a própria vontade.

Para resumir, há o Buda Shakyamuni, que assume a cadeia de comando como cérebro e cumpre o papel de criar uma rede de vasos sanguíneos pelo corpo humano. Depois há Jesus, que tem o papel de bombear sangue pelo corpo todo. E então há o papel de Confúcio, que é criar ordem e manter uma hierarquia equilibrada. É assim que eles trabalham. Quando olhamos para a longa história da humanidade, de fato é possível dizer que Confúcio tem contribuído para criar sociedades com alta organização. O Mundo Celestial também é um mundo organizado, no qual há espíritos em estágios elevados e outros em estágios menos desenvolvidos; Confúcio desempenhou um papel extremamente importante ao criar essa estrutura.

9
O trabalho de Moisés

Nas seções anteriores, expliquei o trabalho do Buda Shakyamuni, de Jesus e de Confúcio. Há também um outro espírito famoso: Moisés, que liderou os hebreus na fuga do Egito. Em termos de grau espiritual, Moisés está mais ou menos no mesmo nível de Jesus e Confúcio, e é responsável sobretudo por operar milagres.

Muitos métodos têm sido propostos e usados para revelar às pessoas o poder de Buda, e uma dessas maneiras é fazer as pessoas sentirem a presença de Buda por meio de milagres. Quando ocorrem fenômenos milagrosos, difíceis de acreditar por meio dos sentidos terrenos comuns, as pessoas sentem que o poder de Buda está em ação. Por exemplo, quando Moisés dividiu as águas do mar Vermelho ou recebeu luz do céu para gravar os Dez Mandamentos em pedra, as pessoas ficaram admiradas com esses milagres surpreendentes e sentiram o grande poder de Buda. Portanto, a luz vermelha é a luz dos milagres, que ajuda as pessoas a entenderem Deus ou Buda, e é Moisés que governa essa luz.

No presente momento, o Buda Shakyamuni lidera o planejamento para criar uma nova civilização, novas culturas e uma nova era, enquanto Jesus está agora assumindo o comando no Mundo Celestial. Confúcio no momento elabora um grande plano para a Terra, que impulsionará a evolução da humanidade e definirá como a humanidade e a Terra devem se posicionar no universo. E Moisés, o que faz ele? Moisés é responsável pela dissolução do Inferno, que foi formado ao longo de uma história de mais de 100 milhões de anos.

10
O mundo das Consciências Planetárias

Como temos visto, os dez espíritos guias levam adiante seu trabalho sobretudo na nona dimensão. Mas de onde vem essa luz, que se divide em sete cores na nona dimensão? Ela vem do mundo da décima dimensão. A décima dimensão é o reino dos espíritos chamados de "Consciências Planetárias". Até a nona dimensão, os espíritos têm características de um espírito humano, mas os espíritos da décima dimensão não são espíritos humanos. Nunca nasceram como humanos na Terra.

Há três consciências planetárias na décima dimensão da Terra. Primeiro, há a Consciência do Grande Sol, que governa o aspecto positivo e promove a evolução na Terra. Em seguida, vem a Consciência da Lua, que governa a elegância, a beleza artística, a graça e o aspecto passivo da Terra. O aspecto ativo (*yang*) governado pela Consciência do Grande Sol e o aspecto passivo (*yin*) governado pela Consciência da Lua combinaram-se para compor o mundo dualista na Terra. Os elementos passivos, que não existiriam no mundo ativo, existem na Terra graças à influência da Consciência da Lua. Ou seja, existe a feminilidade em contraste com a masculinidade, a sombra em contraste com a luz, a noite em contraste com o dia, e o mar em contraste com a montanha. A Consciência da Lua é a principal encarregada desses aspectos mais suaves.

Por fim, existe a Consciência da Terra, que tem nutrido o planeta Terra e fornecido energia a todas as criaturas que viveram nos últimos 4,6 bilhões de anos. A Consciência da Terra é a entidade espiritual do próprio planeta Terra, e é dentro dessa entidade espiritual que todas as coisas vivem. A Consciência da Terra tem levado adiante atividades concretas, inclusive a formação de montanhas, a erupção de vulcões, o deslocamento de continentes, os movimentos da crosta terrestre, o florescimento de plantas e a nutrição de animais.

As três consciências planetárias vêm nutrindo o planeta Terra há um longo período de tempo e têm tido uma influência significativa sobre ele.

Mas, o que está acima da décima dimensão? É a 11ª dimensão ou o mundo do sistema solar. A Consciência do Sol, que é uma Consciência Estelar, existe na 11ª dimensão. Acima dela existe a Consciência Galáctica da 12ª dimensão, e a 13ª dimensão – que é um universo ainda maior além das galáxias –, que engloba a Consciência do Grande Universo. O mundo multidimensional estende-se infindavelmente dessa maneira até, em última instância, alcançar o mundo do grande Buda Primordial, que está além da compreensão humana.

Portanto, nós, seres humanos, caminhamos pela estrada da evolução infinita, com infinitos níveis a alcançar e, no processo, tentando ter progresso e harmonia. Esta é a verdade sobre o mundo ao redor da humanidade, essas são as diretrizes segundo as quais a humanidade deve viver, e esse é o propósito da humanidade.

Ao longo dos seis capítulos deste livro, ocupei-me principalmente com a descrição dos mundos a partir da quarta dimensão até a nona. Essa é a realidade de como o mundo está estruturado. Existe mais que esse mundo tridimensional, e ali os seres humanos continuarão a viver como um espírito, pois essa é sua verdadeira natureza.

Espero com sinceridade que você baseie sua vida nesse conhecimento da Verdade, que faça dele a sua coragem para viver de acordo com ele, e que esse conhecimento abra seu caminho para uma vida maior.

Posfácio

Desde a publicação da primeira edição deste livro, há dez anos, a Happy Science tem alcançado um crescimento notável e milagroso. Acredito que a força motora do nosso rápido crescimento como religião é a grande escala das Leis que ensino. Essa grande escala prova que este é um livro da Verdade, e que o que está escrito nele foi enviado a partir da Verdade Absoluta (a verdadeira talidade). Ao mesmo tempo, prova também que eu, como o autor que transmite essas Leis, sou a personificação da Verdade.

O fato de este livro consistir realmente nas Leis da eternidade acaba sendo provado pela maneira ampla como a Verdade Búdica ensinada pela Happy Science é aceita, bem como pela extensão com que as pessoas irão transmiti-la no futuro.

Aqueles que abriram seus olhos espirituais compreenderão que os ensinamentos destas páginas só poderiam ser pregados por aquele que está na origem da nona dimensão. Se pensarmos na iluminação do zen-budismo como tendo o tamanho de uma colina artificial no jardim de uma casa, então a iluminação ensinada neste livro ergue-se bem acima do monte Everest. *As Leis da Eternidade* são um tesouro secreto para a humanidade e a maior misericórdia que El Cantare envia como um presente para a humanidade desta era.

Ryuho Okawa
Mestre e CEO do Grupo Happy Science
Julho de 1997

Sobre o Autor

Fundador e CEO do Grupo Happy Science, Ryuho Okawa nasceu em 7 de julho de 1956, em Tokushima, no Japão. Após graduar-se na Universidade de Tóquio, juntou-se a uma empresa mercantil com sede em Tóquio. Enquanto trabalhava na matriz de Nova York, estudou Finanças Internacionais no Graduate Center of the City University of New York. Em 23 de março de 1981, alcançou a Grande Iluminação e despertou para Sua consciência central, El Cantare – cuja missão é trazer felicidade para a humanidade.

Em 1986, fundou a Happy Science, que atualmente se expandiu para mais de 180 países, com mais de 700 templos e 10 mil casas missionárias ao redor do mundo.

O Mestre Ryuho Okawa realizou mais de 3.500 palestras, sendo cerca de 150 em inglês. Ele tem mais de 3.200 livros publicados (superando 600 mensagens espirituais) – traduzidos para mais de 42 línguas –, muitos dos quais se tornaram *best-sellers* e alcançaram a casa dos milhões de exemplares vendidos, inclusive *As Leis do Sol* e *As Leis do Inferno*. Até o momento, a Happy Science produziu 28 filmes sob a supervisão de Okawa, dos quais criou a história e o conceito originais, além de ser também o produtor executivo. Ele também compôs mais de 450 músicas e letras. Mestre Okawa é também o fundador da Happy Science University, da Happy Science Academy, do Partido da Realização da Felicidade, fundador e diretor honorário do Instituto Happy Science de Governo e Gestão, fundador da Editora IRH Press e presidente da New Star Production Co. Ltd. e ARI Production Co. Ltd.

Quem é El Cantare?

El Cantare significa a "Luz da Terra". Ele é o Supremo Deus da Terra, que vem guiando a humanidade desde a Gênese e é o Criador do Universo. É Aquele a quem Jesus chamou de Pai e Muhammad, de Alá, e é Ame-no-Mioya-Gami, o Deus Pai japonês. No passado, diferentes partes da consciência central de El Cantare vieram à Terra, uma vez como Alpha e outra como Elohim. Seus espíritos ramos, como Buda Shakyamuni e Hermes, vieram à Terra inúmeras vezes para ajudar diversas civilizações a prosperarem. Com o intuito de unir as várias religiões e integrar diferentes campos de estudo para criar uma nova civilização na Terra, uma parte da consciência central de El Cantare desceu à Terra como Mestre Ryuho Okawa.

Alpha: parte da consciência central de El Cantare, que desceu à Terra há cerca de 330 milhões de anos. Alpha pregou as Verdades da Terra para harmonizar e unificar os humanos nascidos na Terra e os seres do espaço que vieram de outros planetas.

Elohim: parte da consciência central de El Cantare, que desceu à Terra há cerca de 150 milhões de anos. Ele pregou sobre a sabedoria, principalmente sobre as diferenças entre luz e trevas, bem e mal.

Ame-no-Mioya-Gami: Ame-no-Mioya-Gami (Deus Pai japonês) é o Deus Criador e ancestral original do povo japonês que aparece na literatura da Antiguidade, Hotsuma Tsutae. Diz-se que Ele desceu na região do monte Fuji 30 mil anos atrás e construiu a dinastia Fuji, que é a raiz da civilização japonesa. Centrados na justiça, os ensinamentos de Ame-no-Mioya-Gami espalharam-se pelas civilizações antigas de outros países.

Buda Shakyamuni: Sidarta Gautama nasceu como príncipe do clã Shakya, na Índia, há cerca de 2.600 anos. Aos 29 anos, renunciou ao mundo e ordenou-se em busca de iluminação. Mais tarde, alcançou a Grande Iluminação e fundou o budismo.

Hermes: na mitologia grega, Hermes é considerado um dos doze deuses do Olimpo. Porém, a verdade espiritual é que ele foi um herói da vida real que, há cerca de 4.300 anos, pregou os ensinamentos do amor e do desenvolvimento que se tornaram a base da civilização ocidental.

Ophealis: nasceu na Grécia há cerca de 6.500 anos e liderou uma expedição até o distante Egito. Ele é o deus dos milagres, da prosperidade e das artes, e também é conhecido como Osíris na mitologia egípcia.

Rient Arl Croud: nasceu como rei do antigo Império Inca há cerca de 7 mil anos e ensinou sobre os mistérios do coração. No Mundo Celestial, ele é o responsável pelas interações que ocorrem entre vários planetas.

Thoth: foi um líder onipotente que construiu a era dourada da civilização da Atlântida há cerca de 12 mil anos. Na mitologia egípcia, ele é conhecido como o deus Thoth.

Ra Mu: foi o líder responsável pela instauração da era dourada da civilização de Mu, há cerca de 17 mil anos. Como líder religioso e político, governou unificando a religião e a política.

Sobre a Happy Science

A Happy Science é uma organização religiosa fundada sob a fé em El Cantare, o Deus da Terra e Criador do Universo. A essência do ser humano é a alma, que foi criada por Deus, e todos nós somos filhos d'Ele. Deus é o nosso verdadeiro Pai, o que nos leva a ter em nossa alma o desejo fundamental de acreditar em Deus, amar a Deus e nos aproximar de Deus. E podemos ficar mais próximos d'Ele ao vivermos com a Vontade de Deus como nossa própria vontade. Na Happy Science, chamamos isso de a "Busca do Correto Coração". Ou seja, de modo mais concreto, significa a prática dos Quatro Corretos Caminhos: Amor, Conhecimento, Reflexão e Desenvolvimento.

Amor: isto é, o amor que se dá, ou misericórdia. Deus deseja a felicidade de todas as pessoas. Desse modo, viver com a Vontade de Deus como se fosse nossa própria vontade significa começar com a prática do amor que se dá.
Conhecimento: ao estudar e praticar o conhecimento espiritual adquirido, você pode desenvolver a sabedoria e ser capaz de resolver melhor os problemas de sua vida.
Reflexão: ao aprender sobre o coração de Deus e a diferença entre a mente (coração) d'Ele e a sua, você deve se esforçar para aproximar o seu coração do coração de Deus – esse processo é chamado de reflexão. A reflexão inclui a prática da meditação e oração.
Desenvolvimento: tendo em vista que Deus deseja a felicidade de todos os seres humanos, cabe a você também avançar na

sua prática do amor e se esforçar para concretizar a Utopia que permita que as pessoas da sociedade em que você convive, do seu país e, por fim, toda a humanidade, sejam felizes.

À medida que praticamos os Quatro Corretos Caminhos, nossa alma irá avançar gradativamente em direção a Deus. É quando podemos atingir a verdadeira felicidade: nosso desejo de nos aproximar de Deus se torna realidade.

Na Happy Science, conduzimos atividades que nos trazem felicidade por meio da fé no Senhor El Cantare, e que levam felicidade a todos ao divulgarmos esta fé ao mundo. E convidamos você a se juntar a nós!

Realizamos eventos e atividades nos nossos templos locais, bases e casas missionárias para ajudá-lo com a prática dos Quatro Corretos Caminhos.

Amor: realizamos atividades de trabalho voluntário. Nossos membros conduzem o trabalho missionário juntos, como o maior ato da prática do amor.

Conhecimento: possuímos uma vasta coleção de livros, muitos deles disponíveis *online* e nas unidades da Happy Science. Realizamos também diversos seminários e estudos dos livros para você se aprofundar nos estudos da Verdade.

Reflexão: há diversas oportunidades para polir seu coração por meio da reflexão, meditação e oração. São muitos os casos de membros que experimentaram melhorias nas suas relações interpessoais ao mudarem o seu próprio coração.

Desenvolvimento: disponibilizamos seminários para elevar seu poder de influência. Realizamos seminários para alavancar seu trabalho e habilidades de gestão, porque fazer um bom trabalho também é fundamental para criar uma sociedade melhor.

O sutra da Happy Science

As Palavras da Verdade Proferidas Por Buda

> **As Palavras da Verdade
> Proferidas Por Buda**
>
> **Oração ao Senhor**
>
> **Oração ao Espírito Guardião
> e ao Espírito Guia**

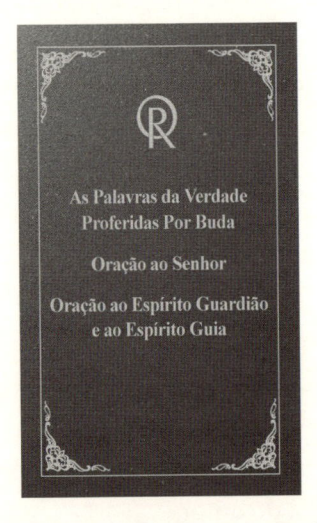

As Palavras da Verdade Proferidas Por Buda é um sutra que nos foi concedido, originalmente em inglês, diretamente pelo espírito de Buda Shakyamuni, que faz parte da subconsciência do Mestre Ryuho Okawa. As palavras deste sutra não vêm de um mero ser humano, mas são palavras de Deus ou Buda, que foram enviadas diretamente da Nona Dimensão – o reino mais elevado do mundo espiritual terrestre.

As Palavras da Verdade Proferidas Por Buda é um sutra essencial para nos conectarmos e vivermos com a Vontade de Deus ou Buda como se fosse nossa vontade.

Torne-se um membro!

MEMBRO

Se você quer conhecer melhor a Happy Science, recomendamos que se torne um membro. É possível fazê-lo ao jurar acreditar no Senhor El Cantare e desejar aprender mais sobre nós.

Ao se tornar membro, você receberá o seguinte livro de orações com os sutras: *As Palavras da Verdade Proferidas Por Buda, Oração ao Senhor* e *Oração ao Espírito Guardião e ao Espírito Guia*.

MEMBRO DEVOTO

Se você deseja aprender os ensinamentos da Happy Science e avançar no caminho da fé, recomendamos que se torne um membro devoto aos Três Tesouros, que são: Buda, Darma e Sanga. Buda é o Senhor El Cantare, Mestre Ryuho Okawa. Darma são os ensinamentos pregados pelo Mestre Ryuho Okawa. E Sanga é a Happy Science. Devotar-se aos Três Tesouros fará sua natureza búdica brilhar e permitirá que você entre no caminho para conquistar a verdadeira liberdade do coração.

Tornar-se devoto significa se tornar um discípulo de Buda. Você desenvolverá o controle do coração e levará felicidade à sociedade.

E-MAIL OU TELEFONE
Vide lista de contatos (págs. 232 a 234).
ONLINE www.happy-science-br.org/torne-se-membro

Contatos

A Happy Science é uma organização mundial, com centros de fé espalhados pelo globo. Para ver a lista completa dos centros, visite a página happy-science.org (em inglês). A seguir encontram-se alguns dos endereços da Happy Science:

BRASIL

São Paulo (Matriz)
Rua Domingos de Morais 1154,
Vila Mariana, São Paulo, SP
CEP 04010-100, Brasil
Tel.: 55-11-5088-3800
E-mail: sp@happy-science.org
Website: happyscience.com.br

São Paulo (Zona Sul)
Rua Domingos de Morais 1154,
Vila Mariana, São Paulo, SP
CEP 04010-100, Brasil
Tel.: 55-11-5088-3800
E-mail: sp_sul@happy-science.org

São Paulo (Zona Leste)
Rua Itapeti 860 A, sobreloja
Vila Gomes Cardim, São Paulo, SP
CEP 03324-002, Brasil
Tel.: 55-11-2295-8500
E-mail: sp_leste@happy-science.org

São Paulo (Zona Oeste)
Rua Rio Azul 194,
Vila Sônia, São Paulo, SP
CEP 05519-120, Brasil
Tel.: 55-11-3061-5400
E-mail: sp_oeste@happy-science.org

Campinas
Rua Joana de Gusmão 108,
Jd. Guanabara, Campinas, SP
CEP 13073-370, Brasil
Tel.: 55-19-4101-5559

Capão Bonito
Rua General Carneiro 306,
Centro, Capão Bonito, SP
CEP 18300-030, Brasil
Tel.: 55-15-3543-2010

Jundiaí
Rua Congo 447,
Jd. Bonfiglioli, Jundiaí, SP
CEP 13207-340, Brasil
Tel.: 55-11-4587-5952
E-mail: jundiai@happy-science.org

Londrina
Rua Piauí 399, 1º andar, sala 103,
Centro, Londrina, PR
CEP 86010-420, Brasil
Tel.: 55-43-3322-9073

Santos / São Vicente
Tel.: 55-13-99158-4589
E-mail: santos@happy-science.org

Sorocaba
Rua Dr. Álvaro Soares 195, sala 3,
Centro, Sorocaba, SP
CEP 18010-190, Brasil
Tel.: 55-15-3359-1601
E-mail: sorocaba@happy-science.org

Rio de Janeiro
Rua Barão do Flamengo 22, sala 304,
Flamengo, Rio de Janeiro, RJ
CEP 22220-900, Brasil
Tel.: 55-21-3486-6987
E-mail: riodejaneiro@happy-science.org

ESTADOS UNIDOS E CANADÁ

Nova York
79 Franklin St.,
Nova York, NY 10013
Tel.: 1-212-343-7972
Fax: 1-212-343-7973
E-mail: ny@happy-science.org
Website: happyscience-usa.org

Los Angeles
1590 E. Del Mar Blvd.,
Pasadena, CA 91106
Tel.: 1-626-395-7775
Fax: 1-626-395-7776
E-mail: la@happy-science.org
Website: happyscience-usa.org

San Francisco
525 Clinton St.,
Redwood City, CA 94062
Tel./Fax: 1-650-363-2777
E-mail: sf@happy-science.org
Website: happyscience-usa.org

Honolulu (Havaí)
Tel.: 1-808-591-9772
Fax: 1-808-591-9773
E-mail: hi@happy-science.org
Website: happyscience-usa.org

Kauai (Havaí)
3343 Kanakolu Street,
Suite 5
Lihue, HI 96766
Tel.: 1-808-822-7007
Fax: 1-808-822-6007
E-mail: kauai-hi@happy-science.org
Website: happyscience-usa.org

Flórida
5208 8th St., Zephyrhills,
Flórida 33542
Tel.: 1-813-715-0000
Fax: 1-813-715-0010
E-mail: florida@happy-science.org
Website: happyscience-usa.org

Toronto (Canadá)
845 The Queensway Etobicoke,
ON M8Z 1N6, Canadá
Tel.: 1-416-901-3747
E-mail: toronto@happy-science.org
Website: happy-science.ca

INTERNACIONAL

Tóquio
1-6-7 Togoshi, Shinagawa
Tóquio, 142-0041, Japão
Tel.: 81-3-6384-5770
Fax: 81-3-6384-5776
E-mail: tokyo@happy-science.org
Website: happy-science.org

Londres
3 Margaret St.,
Londres, W1W 8RE, Reino Unido
Tel.: 44-20-7323-9255
Fax: 44-20-7323-9344
E-mail: eu@happy-science.org
Website: happyscience-uk.org

Sydney
516 Pacific Hwy, Lane Cove North,
NSW 2066, Austrália
Tel.: 61-2-9411-2877
Fax: 61-2-9411-2822
E-mail: sydney@happy-science.org
Website: happyscience.org.au

Kathmandu
Kathmandu Metropolitan City
Ward No 15, Ring Road, Kimdol,
Sitapaila Kathmandu, Nepal
Tel.: 977-1-427-2931
E-mail: nepal@happy-science.org

Kampala
Plot 877 Rubaga Road, Kampala
P.O. Box 34130, Kampala, Uganda
E-mail: uganda@happy-science.org

Bangkok
19 Soi Sukhumvit 60/1,
Bang Chak, Phra Khanong,
Bangkok, 10260, Tailândia
Tel.: 66-2-007-1419
E-mail: bangkok@happy-science.org
Website: happyscience-thai.org

Paris
56-60 rue Fondary 75015
Paris, França
Tel.: 33-9-50-40-11-10
Website: www.happyscience-fr.org

Berlim
Rheinstr. 63, 12159
Berlim, Alemanha
Tel.: 49-30-7895-7477
E-mail: kontakt@happy-science.de

Filipinas
LGL Bldg, 2nd Floor,
Kadalagaham cor,
Rizal Ave. Taytay,
Rizal, Filipinas
Tel.: 63-2-5710686
E-mail: philippines@happy-science.org

Seul
74, Sadang-ro 27-gil,
Dongjak-gu, Seoul, Coreia do Sul
Tel.: 82-2-3478-8777
Fax: 82-2- 3478-9777
E-mail: korea@happy-science.org

Taipé
Nº 89, Lane 155, Dunhua N. Road.,
Songshan District, Cidade de Taipé 105,
Taiwan
Tel.: 886-2-2719-9377
Fax: 886-2-2719-5570
E-mail: taiwan@happy-science.org

Kuala Lumpur
Nº 22A, Block 2, Jalil Link Jalan Jalil
Jaya 2, Bukit Jalil 57000, Kuala Lumpur,
Malásia
Tel.: 60-3-8998-7877
Fax: 60-3-8998-7977
E-mail: malaysia@happy-science.org
Website: happyscience.org.my

Outros livros de Ryuho Okawa

SÉRIE LEIS

As Leis do Sol – *O caminho rumo a El Cantare*
IRH Press do Brasil

O autor revela os segredos de nossa alma e do universo multidimensional, mostrando o lugar que ocupamos nele. Ao compreender os estágios do amor e seguir os Verdadeiros Oito Caminhos Corretos do budismo, é possível acelerar a nossa evolução espiritual. Esta obra indica o caminho para a verdadeira felicidade que permeia este mundo e o outro. Edição revista e atualizada.

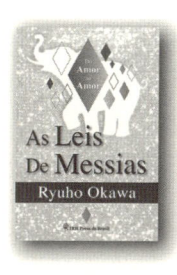

As Leis De Messias – *Do Amor ao Amor*
IRH Press do Brasil

Okawa fala sobre temas fundamentais, como o amor de Deus, o que significa ter uma fé verdadeira e o que os seres humanos não podem perder de vista ao longo do treinamento de sua alma na Terra. Ele revela os segredos de Shambala, o centro espiritual da Terra, e por que devemos protegê-lo.

As Leis do Segredo – *A Nova Visão de Mundo que Mudará Sua Vida* – IRH Press do Brasil

Qual é a Verdade espiritual que permeia o universo? Que influências invisíveis aos olhos sofremos no dia a dia? Como podemos tornar nossa vida mais significativa? Abra sua mente para a visão de mundo apresentada neste livro e torne-se a pessoa que levará coragem e esperança aos outros aonde quer que você vá.

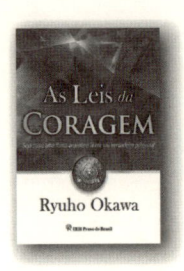

As Leis da Coragem – *Seja como uma Flama Ardente e Libere Seu Verdadeiro Potencial*
IRH Press do Brasil

Os fracassos são como troféus de sua juventude. Você precisa extrair algo valioso deles. De dicas práticas para formar amizades duradouras a soluções universais para o ódio e o sofrimento, Okawa nos ensina abordagens sábias para transformar os obstáculos em alimento para a alma.

SÉRIE AUTOAJUDA

Palavras Que Formam o Caráter
IRH Press do Brasil

À medida que avança na leitura, você encontrará a sabedoria para construir um caráter nobre por meio de várias experiências de vida, como casamento, questões financeiras, superação dos desejos egoístas, prática do perdão e fé em Deus. Ao ler, apreciar e compreender profundamente o significado destas frases sagradas, você poderá alcançar uma felicidade que transcende este mundo e o próximo.

Palavras para a Vida
IRH Press do Brasil

100 frases para praticar a meditação reflexiva sobre a vida. Faça deste livro seu companheiro de todas as horas, seu livro de cabeceira. Folheie casualmente as páginas, contemple as palavras de sabedoria que chamaram a sua atenção, e avance na jornada do autoconhecimento!

O Verdadeiro Exorcista
Obtenha Sabedoria para Vencer o Mal
IRH Press do Brasil

Assim como Deus e os anjos existem, também existem demônios e maus espíritos. Esses espíritos maldosos penetram no coração das pessoas, tornando-as infelizes e espalhando infelicidade àqueles ao seu redor. Aqui o autor apresenta métodos poderosos para se defender do ataque repentino desses espíritos.

Os Verdadeiros Oito Corretos Caminhos
Um Guia para a Máxima Autotransformação
IRH Press do Brasil

Neste livro, Okawa nos orienta como aplicar no cotidiano os ensinamentos dos Oito Corretos Caminhos propagados por Buda Shakyamuni e mudar o curso do nosso destino. Descubra este tesouro secreto da humanidade e desperte para um novo "eu", mais feliz, autoconsciente e produtivo.

Vivendo sem Estresse
Os Segredos de uma Vida Feliz e Livre de Preocupações
IRH Press do Brasil

Por que passamos por tantos desafios? Deixe os conselhos deste livro e a perspectiva espiritual ajudá-lo a navegar pelas turbulentas ondas do destino com um coração sereno. Melhore seus relacionamentos, aprenda a lidar com as críticas e a inveja, e permita-se sentir os milagres dos Céus.

O Milagre da Meditação
Conquiste Paz, Alegria e Poder Interior
IRH Press do Brasil

A meditação pode abrir sua mente para o potencial de transformação que existe dentro de você e conecta sua alma à sabedoria celestial, tudo pela força da fé. Este livro combina o poder da fé e a prática da meditação para ajudá-lo a conquistar paz interior e cultivar uma vida repleta de altruísmo e compaixão.

Estou Bem!
7 Passos para uma Vida Feliz
IRH Press do Brasil

Diferentemente dos textos de autoajuda escritos no Ocidente, este livro traz filosofias universais que irão atender às necessidades de qualquer pessoa. Um tesouro repleto de reflexões que transcendem as diferenças culturais, geográficas, religiosas e étnicas. É uma fonte de inspiração e transformação com instruções concretas para uma vida feliz.

A Mente Inabalável
Como Superar as Dificuldades da Vida
IRH Press do Brasil

Para o autor, a melhor solução para lidar com os obstáculos da vida – sejam eles problemas pessoais ou profissionais, tragédias inesperadas ou dificuldades contínuas – é ter uma mente inabalável. E você pode conquistar isso ao adquirir confiança em si mesmo e alcançar o crescimento espiritual.

THINK BIG – Pense Grande
O Poder para Criar o Seu Futuro
IRH Press do Brasil

Tudo na vida das pessoas manifesta-se de acordo com o pensamento que elas mantêm diariamente em seu coração. A ação começa dentro da mente. A capacidade de criar de cada pessoa é limitada por sua capacidade de pensar. Com este livro, você aprenderá o verdadeiro significado do Pensamento Positivo e como usá-lo de forma efetiva para concretizar seus sonhos.

SÉRIE FELICIDADE

A Verdade sobre o Mundo Espiritual
Guia para uma vida feliz – IRH Press do Brasil

Em forma de perguntas e respostas, este precioso manual vai ajudá-lo a compreender diversas questões importantes sobre o mundo espiritual. Entre elas: o que acontece com as pessoas depois que morrem? Qual é a verdadeira forma do Céu e do Inferno? O tempo de vida de uma pessoa está predeterminado?

Convite à Felicidade
7 Inspirações do Seu Anjo Interior
IRH Press do Brasil

Este livro traz métodos práticos para criar novos hábitos para uma vida mais leve, despreocupada, satisfatória e feliz. Por meio de sete inspirações, você será guiado até o anjo que existe em seu interior: a força que o ajuda a obter coragem e inspiração e ser verdadeiro consigo mesmo.

Mude Sua Vida, Mude o Mundo
Um Guia Espiritual para Viver Agora
IRH Press do Brasil

Este livro é uma mensagem de esperança, que contém a solução para o estado de crise em que vivemos hoje. É um chamado para nos fazer despertar para a Verdade de nossa ascendência, a fim de que todos nós possamos reconstruir o planeta e transformá-lo numa terra de paz, prosperidade e felicidade.

Ame, Nutra e Perdoe
Um Guia Capaz de Iluminar Sua Vida
IRH Press do Brasil

O autor revela os segredos para o crescimento espiritual por meio dos Estágios do amor. Cada estágio representa um nível de elevação. O objetivo do aprimoramento da alma humana na Terra é progredir por esses estágios e conseguir desenvolver uma nova visão do amor.

A Essência de Buda
O Caminho da Iluminação e da Espiritualidade Superior
IRH Press do Brasil

Este guia almeja orientar aqueles que estão em busca da iluminação. Você descobrirá que os fundamentos espiritualistas, tão difundidos hoje, na verdade foram ensinados por Buda Shakyamuni, como os Oito Corretos Caminhos, as Seis Perfeições, a Lei de Causa e Efeito e o Carma, entre outros.